23년 출간 교재 24년 출간 교재 25년 출간 교재

영역	과목	교재	예비 초등	1-2학년	3-4학년	5-6학년	예비 중등
쓰기력	국어	한글 바로 쓰기	P1 P2 P3 P1~3_활동 모음집				
쓰기력	국어	맞춤법 바로 쓰기		1A 1B 2A 2B			
어휘력	전 과목	어휘		[illegible]	[illegible] 3B 4A 4B	5A 5B 6A 6B	
어휘력	전 과목	한자 어휘		1A 1B 2A 2B	3A 3B 4A 4B	5A 5B 6A 6B	
어휘력	영어	파닉스		1 2			
어휘력	영어	영단어			3A 3B 4A 4B	5A 5B 6A 6B	
독해력	국어	독해	P1 P2	1A 1B 2A 2B	3A 3B 4A 4B	5A 5B 6A 6B	
독해력	한국사	독해 인물편			1 2	3 4	
독해력	한국사	독해 시대편			1 2	3 4	
계산력	수학	계산		1A 1B 2A 2B	3A 3B 4A 4B	5A 5B 6A 6B	7A 7B

영역	과목	교재	예비 초등	1-2학년	3-4학년	5-6학년	예비 중등
교과서 문해력	전 과목	개념어 +서술어		1A 1B 2A 2B	3A 3B 4A 4B	5A 5B 6A 6B	
교과서 문해력	사회	교과서 독해			3A 3B 4A 4B	5A 5B 6A 6B	
교과서 문해력	과학	교과서 독해			3A 3B 4A 4B	5A 5B 6A 6B	
교과서 문해력	수학	문장제 기본		1A 1B 2A 2B	3A 3B 4A 4B	5A 5B 6A 6B	
교과서 문해력	수학	문장제 발전		1A 1B 2A 2B	3A 3B 4A 4B	5A 5B 6A 6B	

영역	과목	교재	예비 초등	1-2학년	3-4학년	5-6학년	예비 중등
창의·사고력	전 영역	창의력 키우기	1 2 3 4				

* 초등학생을 위한 영역별 배경지식 함양 <완자 공부력> 시리즈는 2024년부터 출간됩니다.

* 완자 공부력 신간은 계속해서 출간됩니다.

KB069931

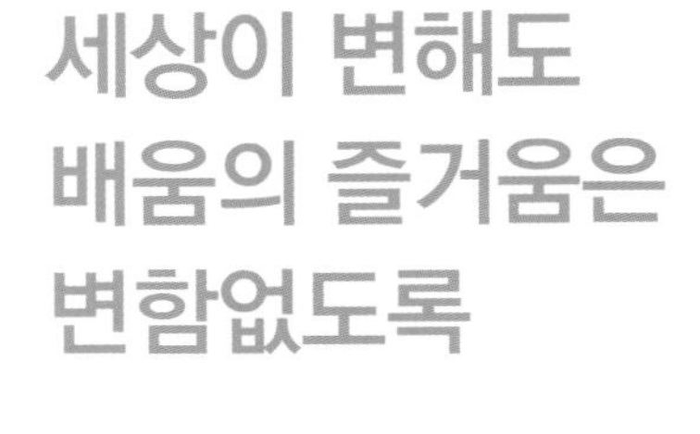

시대는 빠르게 변해도
배움의 즐거움은
변함없어야 하기에

어제의 비상은
남다른 교재부터
결이 다른 콘텐츠
전에 없던 교육 플랫폼까지

변함없는 혁신으로
교육 문화 환경의 새로운 전형을
실현해왔습니다.

비상은 오늘, 다시 한번
새로운 교육 문화 환경을 실현하기 위한
또 하나의 혁신을 시작합니다.

오늘의 내가 어제의 나를 초월하고
오늘의 교육이 어제의 교육을 초월하여
배움의 즐거움을 지속하는 혁신,

바로, 메타인지 기반 완전 학습을.

상상을 실현하는 교육 문화 기업 비상

메타인지 기반 완전 학습

초월을 뜻하는 meta와 생각을 뜻하는 인지가 결합한 메타인지는
자신이 알고 모르는 것을 스스로 구분하고 학습계획을 세우도록 하는
궁극의 학습 능력입니다. 비상의 메타인지 기반 완전 학습 시스템은
잠들어 있는 메타인지를 깨워 공부를 100% 내 것으로 만들도록 합니다.

공부로 이끄는 힘!

완자 공부력

교과서 문해력 **수학 문장제** | 기본 | 2A

2학년

수학 문장제 기본 단계별 구성

1A	1B	2A	2B	3A	3B
9까지의 수	100까지의 수	세 자리 수	네 자리 수	덧셈과 뺄셈	곱셈
여러 가지 모양	덧셈과 뺄셈 (1)	여러 가지 도형	곱셈구구	평면도형	나눗셈
덧셈과 뺄셈	여러 가지 모양	덧셈과 뺄셈	길이 재기	나눗셈	원
비교하기	덧셈과 뺄셈 (2)	길이 재기	시각과 시간	곱셈	분수
50까지의 수	시계 보기와 규칙 찾기	분류하기	표와 그래프	길이와 시간	들이와 무게
	덧셈과 뺄셈 (3)	곱셈	규칙 찾기	분수와 소수	자료의 정리

수학 교과서 전 단원, 전 영역 문장제 문제를
쉽게 익히고 연습하여 문제 해결력을 길러요!

4A	4B	5A	5B	6A	6B
큰 수	분수의 덧셈과 뺄셈	자연수의 혼합 계산	수의 범위와 어림하기	분수의 나눗셈	분수의 나눗셈
각도	삼각형	약수와 배수	분수의 곱셈	각기둥과 각뿔	소수의 나눗셈
곱셈과 나눗셈	소수의 덧셈과 뺄셈	규칙과 대응	합동과 대칭	소수의 나눗셈	공간과 입체
평면도형의 이동	사각형	약분과 통분	소수의 곱셈	비와 비율	비례식과 비례배분
막대 그래프	꺾은선 그래프	분수의 덧셈과 뺄셈	직육면체	여러 가지 그래프	원의 둘레와 넓이
규칙 찾기	다각형	다각형의 둘레와 넓이	평균과 가능성	직육면체의 부피와 겉넓이	원기둥, 원뿔, 구

특징과 활용법

준비하기

단원별 2쪽, 가볍게 몸풀기

문장제 준비하기

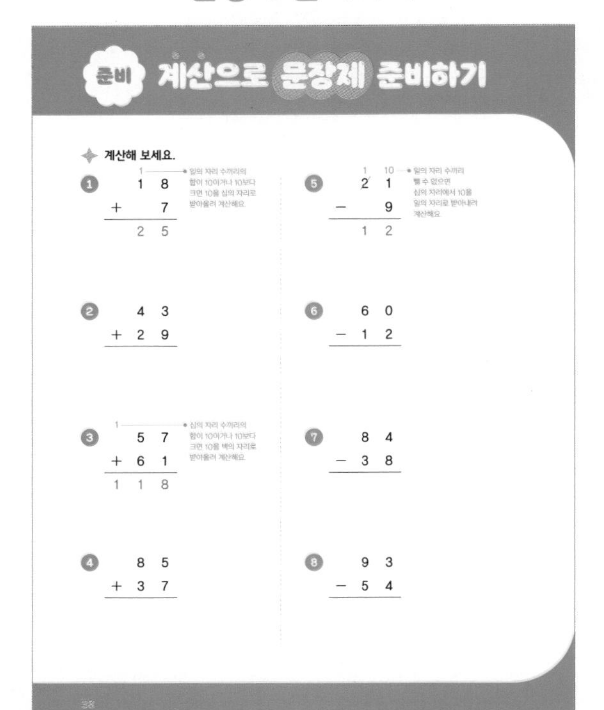

준비 계산으로 문장제 준비하기

계산해 보세요.

① 18 + 7 = 25 (일의 자리 수끼리의 합이 10이거나 10보다 크면 10을 십의 자리로 받아올려 계산해요.)

② 43 + 29

③ 57 + 61 = 118 (십의 자리 수끼리의 합이 10이거나 10보다 크면 10을 백의 자리로 받아올려 계산해요.)

④ 85 + 37

⑤ 21 − 9 = 12 (일의 자리 수끼리 뺄 수 없으면 십의 자리에서 10을 일의 자리로 받아내려 계산해요.)

⑥ 60 − 12

⑦ 84 − 38

⑧ 93 − 54

계산 문제나 기본 문제를
풀면서 개념을 확인해요!
잘 기억나지 않는 건
도움말을 보면서 떠올려요!

일차 학습

하루 4쪽, 문장제 학습

공부한 날짜 월 일

7일 모두 몇인지 구하기

이것만 알자 모두 몇 개 ➔ 두 수를 더하기

예 남학생 27명, 여학생 28명이 식물원에 갔습니다. 식물원에 간 학생은 모두 몇 명일까요?

(식물원에 간 학생 수)
= (식물원에 간 남학생 수) + (식물원에 간 여학생 수)

식 27 + 28 = 55 답 55명

① 가온이는 색종이를 72장 가지고 있고, 현채는 54장 가지고 있습니다. 두 사람이 가지고 있는 색종이는 모두 몇 장일까요?

식 72 + 54 = ☐ 답 ☐장

(가온이가 가지고 있는 색종이의 수 / 현채가 가지고 있는 색종이의 수)

② 수족관에 금붕어가 36마리, 열대어가 47마리 있습니다. 수족관에 있는 물고기는 모두 몇 마리일까요?

식 ☐ + ☐ = ☐ 답 ☐마리

40

하루에 4쪽만 공부하면 끝!
이것만 알자 속 내용만 기억하면
풀이가 술술~

실력 확인하기

단원별 마무리하기와 총정리 실력 평가

마무리하기

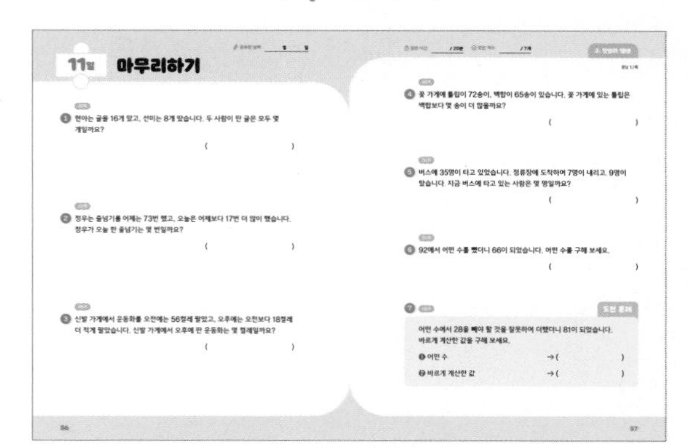

앞에서 배운 문제를
풀면서 실력을 확인해요.
조금 더 어려운 도전 문제까지
성공하면 최고!

실력 평가

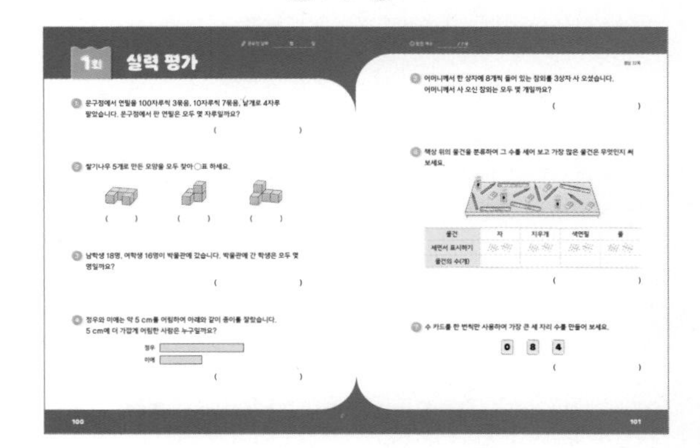

한 권을 모두 끝낸 후엔
실력 평가로 내 실력을 점검해요!
6개 이상 맞혔으면
발전편으로 GO!

정답과 해설

정답과 해설을 빠르게 확인하고,
틀린 문제는 다시 풀어요!
QR을 찍으면 모바일로도
정답을 확인할 수 있어요!

차례

1 세 자리 수

준비

기본 문제로
문장제 준비하기

1일차

- 세 자리 수 구하기
- 더 많은(적은) 것 구하기

2일차
뛰어서 센 수 구하기
수 카드로 수 만들기
3일차
마무리하기

준비 기본 문제로 문장제 준비하기

1 수 모형에 맞게 ▢ 안에 알맞은 수를 써넣고, 수 모형이 나타내는 수를 써 보세요.

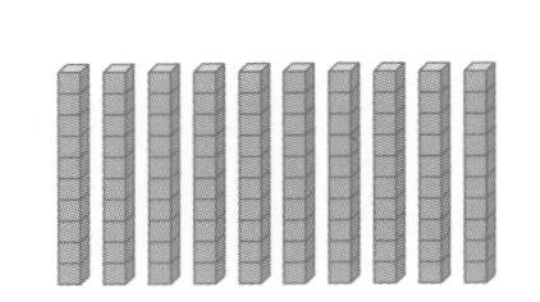

십 모형	일 모형
▢개	▢개

( )

2 ▢ 안에 알맞은 수를 써넣으세요.

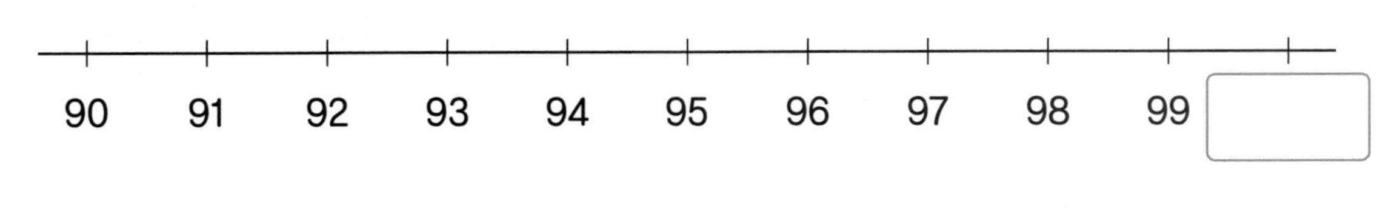

▢은/는 99보다 1만큼 더 큰 수입니다.

3 수를 읽거나 써 보세요.

(1) 300

( )

(2) 육백

( )

정답 2쪽

4 수 모형이 나타내는 수를 구하려고 합니다. □ 안에 알맞은 수를 써넣으세요.

백 모형	십 모형	일 모형

100이 □개, 10이 □개, 1이 7개이므로 □입니다.

5 □ 안에 알맞은 수를 써넣으세요.

528 ⇨

100이 5개	10이 2개	1이 8개
500	□	□

528＝500＋20＋□

6 10씩 뛰어서 세어 보세요.

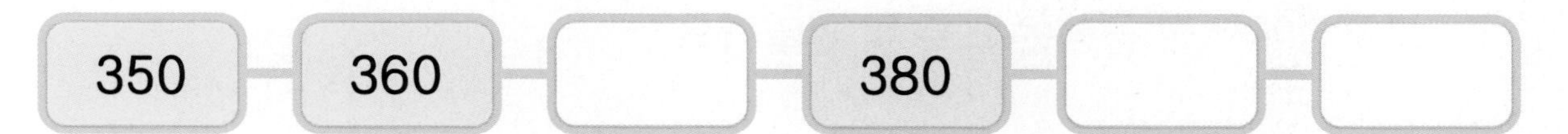

1일 세 자리 수 구하기

이것만 알자 100이 5개, 10이 3개, 1이 7개 ➔ 537

예 구슬이 100개씩 5상자, 10개씩 3봉지, 낱개로 7개 있습니다. 구슬은 모두 몇 개일까요?

100개씩 5상자 ⇨ 500개
10개씩 3봉지 ⇨ 30개
낱개 7개 ⇨ 7개

537개 — 전체 구슬의 수

답 537개

1 민채는 우표를 100장씩 6묶음, 10장씩 4묶음, 낱개로 2장 가지고 있습니다. 민채가 가지고 있는 우표는 모두 몇 장일까요?

(장)

2 문구점에서 공책을 100권씩 4묶음, 10권씩 8묶음, 낱개로 3권 팔았습니다. 문구점에서 판 공책은 모두 몇 권일까요?

(권)

왼쪽 ①, ②번과 같이 문제의 핵심 부분에 색칠하고,
각 자리 숫자에 밑줄을 그어 문제를 풀어 보세요.

정답 2쪽

③ 장미가 100송이씩 7묶음, 10송이씩 9묶음, 낱개로 2송이 있습니다. 장미는 모두 몇 송이일까요?

( )

④ 과일 가게에 토마토가 100개씩 9상자, 10개씩 6봉지, 낱개로 8개 있습니다. 토마토는 모두 몇 개일까요?

( )

⑤ 학교에서 기념품으로 연필을 100자루씩 3상자, 10자루씩 5상자, 낱개로 9자루 준비했습니다. 학교에서 기념품으로 준비한 연필은 모두 몇 자루일까요?

( )

⑥ 저금통에 100원짜리 동전이 8개, 10원짜리 동전이 7개, 1원짜리 동전이 6개 들어 있습니다. 저금통에 들어 있는 동전은 모두 얼마일까요?

( )

1일 더 많은(적은) 것 구하기

이것만 알자

더 많은 것은? ➔ 높은 자리의 수가 더 큰 수 찾기
더 적은 것은? ➔ 높은 자리의 수가 더 작은 수 찾기

예 줄넘기를 지희는 195번, 민열이는 217번 했습니다. 줄넘기를 더 많이 한 사람은 누구일까요?

$195 < 217$
└1<2┘

따라서 줄넘기를 더 많이 한 사람은 민열입니다.

답 민열

1 주원이가 캔 감자는 352개이고, 서연이가 캔 감자는 281개입니다. 감자를 더 많이 캔 사람은 누구일까요?

( )

2 편지지를 현채는 137장, 지효는 132장 모았습니다. 편지지를 더 많이 모은 사람은 누구일까요?

( )

왼쪽 ①, ②번과 같이 문제의 핵심 부분에 색칠하고,
비교해야 하는 두 수에 밑줄을 그어 문제를 풀어 보세요.

정답 3쪽

③ 밤을 준영이네 가족은 541톨, 지윤이네 가족은 724톨 주웠습니다. 밤을 더 많이 주운 가족은 어느 가족일까요?

( )

④ 농장에서 호박을 453통, 양배추를 374통 팔았습니다. 농장에서 더 많이 판 채소는 무엇일까요?

( )

⑤ 도서관에 과학책이 420권, 소설책이 416권 있습니다. 도서관에 더 적게 있는 책은 무엇일까요?

( )

⑥ 유수와 준서가 은행에서 용돈을 저금하기 위해 번호표를 뽑고 기다리고 있습니다. 번호표를 더 먼저 뽑은 사람은 누구일까요?

( )

2일 뛰어서 센 수 구하기

이것만 알자 **100씩 3번 → 100씩 뛰어서 세기를 3번 반복하기**

예 은지는 400원이 들어 있던 저금통에 오늘부터 매일 100원씩 3일 동안 저금했습니다. 은지가 저금한 후 저금통에 들어 있는 돈은 모두 얼마일까요?

100씩 뛰어서 세면 백의 자리 수가 1씩 커집니다.
400부터 100씩 3번 뛰어서 세면
400 - 500 - 600 - 700입니다.

따라서 저금통에 들어 있는 돈은 모두
700원입니다.

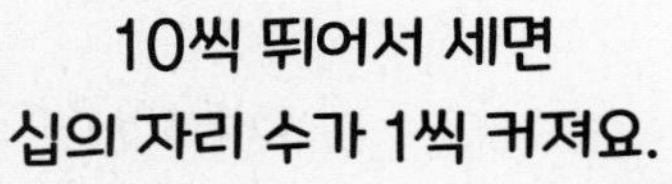

답 700원

1 지우개가 210개 있습니다. 지우개를 10개씩 4번 더 샀다면 지우개는 모두 몇 개일까요?

풀이

10씩 뛰어서 세면 십의 자리 수가 1씩 커집니다.
210부터 10씩 4번 뛰어서 세면

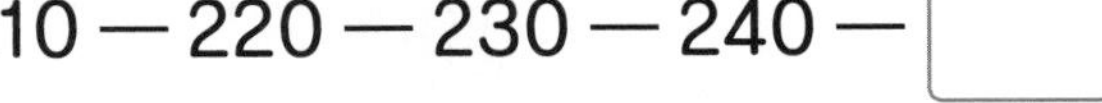

210 — 220 — 230 — 240 — ☐

입니다.
따라서 지우개는 모두 ☐개입니다.

답 ☐개

왼쪽 ①번과 같이 문제의 핵심 부분에 색칠하고,
문제를 풀어 보세요.

정답 3쪽

② 민준이는 320원이 들어 있던 저금통에 오늘부터 매일 100원씩 4일 동안 저금했습니다. 민준이가 저금한 후 저금통에 들어 있는 돈은 모두 얼마일까요?

풀이

답 ______________

③ 연필이 156타 있습니다. 연필을 1타씩 6번 더 샀다면 연필은 모두 몇 타일까요?

풀이

답 ______________

④ 채원이네 반 학생들이 오늘까지 모은 생수통은 716개입니다. 채원이네 반 학생들이 생수통을 하루에 20개씩 3일 동안 모은다면 생수통은 모두 몇 개일까요?

풀이

답 ______________

2일

수 카드로 수 만들기

이것만 알자

가장 큰 수 만들기
→ 높은 자리에 큰 수부터 차례로 놓기

예 수 카드를 한 번씩만 사용하여 가장 큰 세 자리 수를 만들어 보세요.

6 0 8

수 카드의 수의 크기를 비교하면 8>6>0입니다.
큰 수부터 높은 자리에
차례로 놓으면 가장 큰 세 자리 수는
860입니다.

답 860

가장 작은 수는 높은 자리에
작은 수부터 차례로 놓아요.

1 수 카드를 한 번씩만 사용하여 가장 큰 세 자리 수를 만들어 보세요.

5 4 1

( )

2 수 카드를 한 번씩만 사용하여 가장 작은 세 자리 수를 만들어 보세요.

3 9 2

( )

왼쪽 ①, ②번과 같이 문제의 핵심 부분에 색칠하고, 문제를 풀어 보세요.

정답 4쪽

③ 수 카드를 한 번씩만 사용하여 가장 큰 세 자리 수를 만들어 보세요.

9 7 0

(   )

④ 수 카드를 한 번씩만 사용하여 가장 작은 세 자리 수를 만들어 보세요.

⑤ 수 카드 4장 중에서 3장을 골라 한 번씩만 사용하여 가장 큰 세 자리 수를 만들어 보세요.

공부한 날짜 월 일

3일 마무리하기

12쪽

1 초콜릿이 100개씩 2상자, 10개씩 6봉지, 낱개로 4개 있습니다. 초콜릿은 모두 몇 개일까요?

( )

12쪽

2 공장에서 만든 볼펜을 100자루씩 4상자와 10자루씩 5상자에 담았더니 낱개로 8자루 남았습니다. 공장에서 만든 볼펜은 모두 몇 자루일까요?

( )

14쪽

3 빈 병을 예지네 반은 525개, 석우네 반은 360개 모았습니다. 빈 병을 더 많이 모은 반은 어느 반일까요?

( )

14쪽

4 우체국에서 수아는 249번, 지호는 216번이 적혀 있는 번호표를 들고 있습니다. 번호표를 더 늦게 뽑은 사람은 누구일까요?

( )

정답 4쪽

16쪽

5 배추가 357포기 있습니다. 배추를 10포기씩 5번 더 샀다면 배추는 모두 몇 포기일까요?

( )

16쪽

6 현우는 세 자리 수인 사물함 비밀번호를 매달 2씩 뛰어서 세는 규칙으로 바꿉니다. 1월의 사물함 비밀번호가 273이라면 4월의 사물함 비밀번호는 무엇일까요?

( )

7 18쪽 **도전 문제**

수 카드 4장 중에서 3장을 골라 한 번씩만 사용하여 가장 작은 세 자리 수를 만들어 보세요.

2 0 9 7

❶ 수 카드의 수의 크기 비교 → □ < □ < □ < □

❷ 백의 자리에 놓아야 하는 수 → ( )

❸ 가장 작은 세 자리 수 → ( )

2 여러 가지 도형

준비

기본 문제로
문장제 준비하기

4일차

- 쌓기나무로 쌓은 모양 찾기
- 자른 도형 알아보기

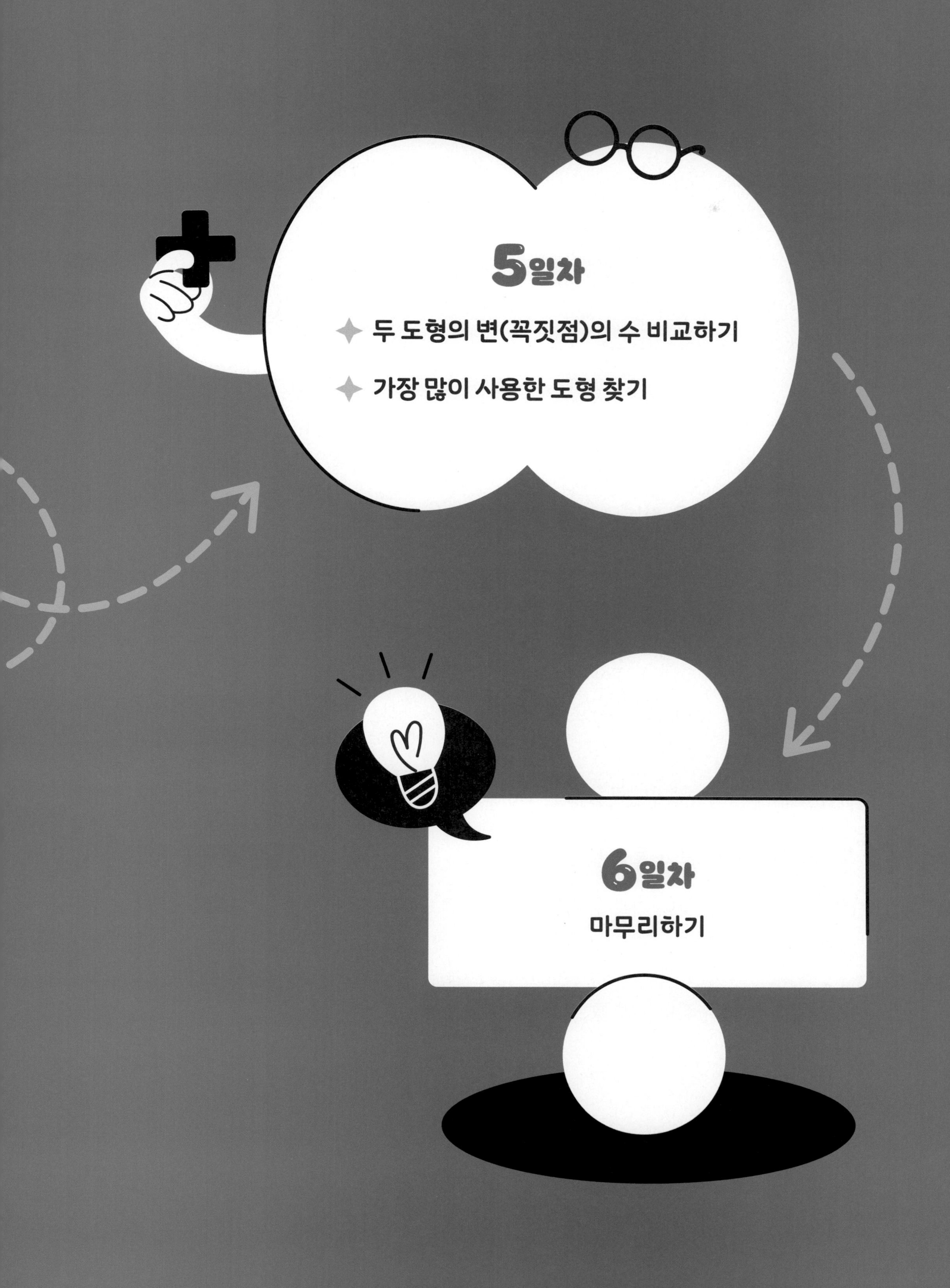
5일차
두 도형의 변(꼭짓점)의 수 비교하기
가장 많이 사용한 도형 찾기
6일차
마무리하기

준비 기본 문제로 문장제 준비하기

1 원을 찾아 ◯표 하세요.

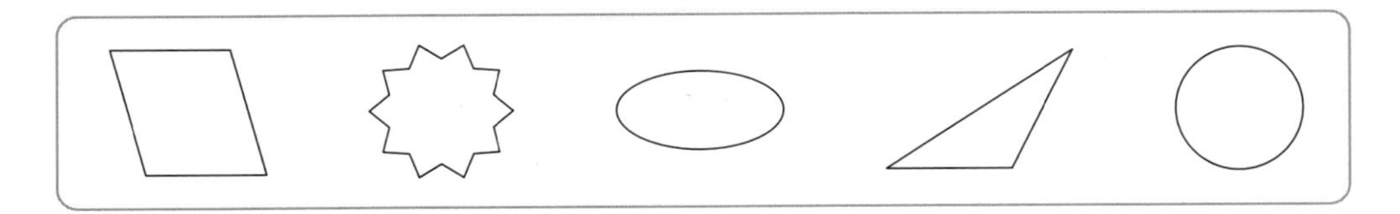

2 ▢ 안에 알맞은 말을 써넣으세요.

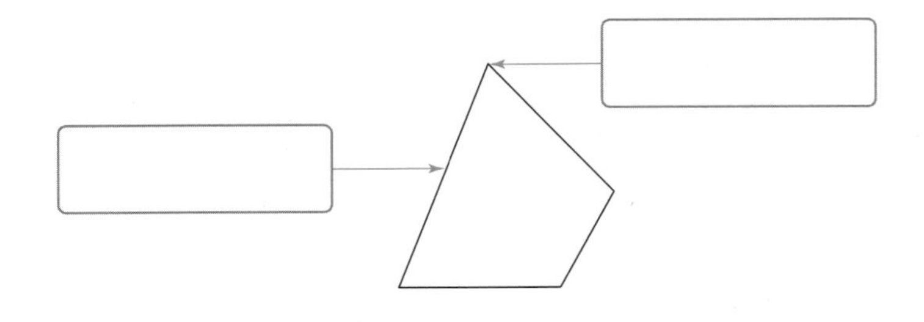

3 오른쪽 칠교판을 보고 물음에 답하세요.

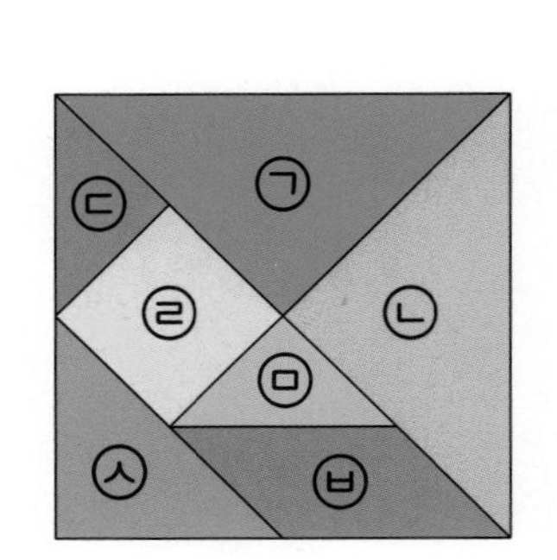

(1) 삼각형을 모두 찾아 기호를 써 보세요.

(   )

(2) 사각형을 모두 찾아 기호를 써 보세요.

(   )

정답 5쪽

4 도형을 보고 □ 안에 알맞은 수나 말을 써넣으세요.

도형	(오각형 그림)	(육각형 그림)
변의 수	5개	□개
꼭짓점의 수	□개	6개
도형의 이름	오각형	□

5 왼쪽과 똑같은 모양으로 쌓은 것을 찾아 ○표 하세요.

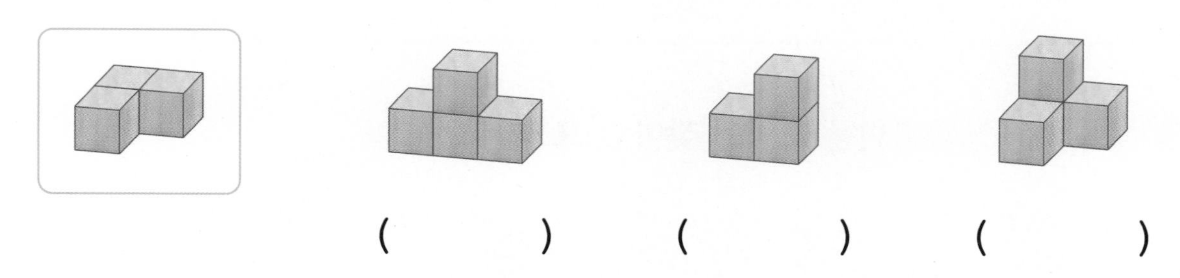

( ) ( ) ( )

6 똑같은 모양으로 쌓으려면 쌓기나무가 몇 개 필요할까요?

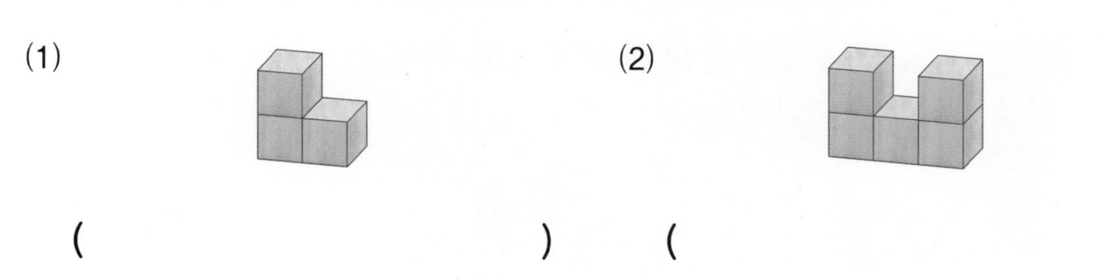

( ) ( )

4일 쌓기나무로 쌓은 모양 찾기

이것만 알자

쌓기나무 4개로 만든

➔ 층별 쌓기나무 수의 합이 4개인 모양 찾기

예 쌓기나무 4개로 만든 모양을 찾아 ○표 하세요.

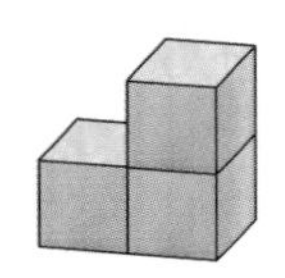

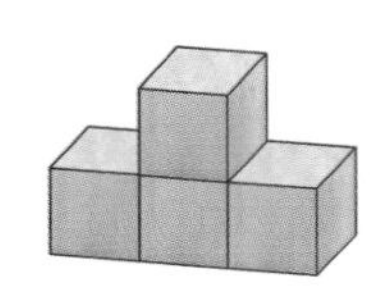

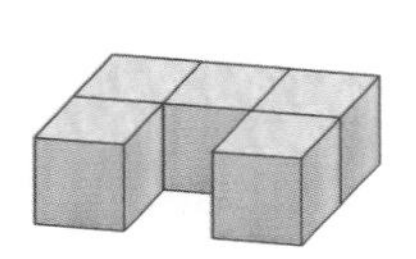

(   ) (○) (   )

- 첫 번째 모양: 1층에 2개, 2층에 1개 ⇨ 2 + 1 = 3(개)
- 두 번째 모양: 1층에 3개, 2층에 1개 ⇨ 3 + 1 = 4(개)
- 세 번째 모양: 1층에 5개 ⇨ 5개

1 쌓기나무 3개로 만든 모양을 찾아 ○표 하세요.

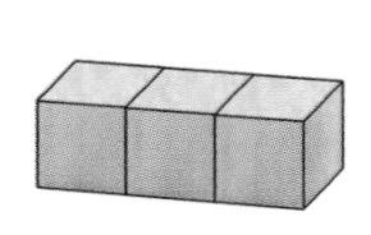

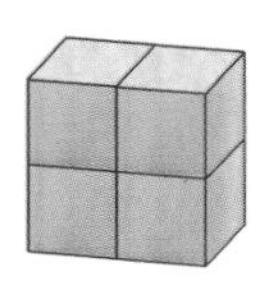

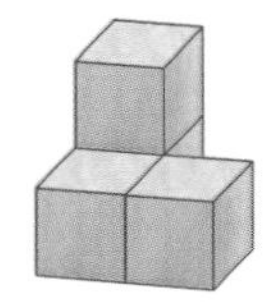

(   ) (   ) (   )

2 쌓기나무 4개로 만든 모양을 모두 찾아 ○표 하세요.

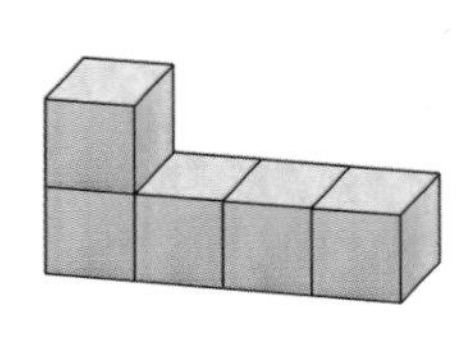

(   ) (   ) (   )

왼쪽 ①, ②번과 같이 문제의 핵심 부분에 색칠하고,
문제를 풀어 보세요.

정답 5쪽

③ 쌓기나무 5개로 만든 모양을 찾아 ○표 하세요.

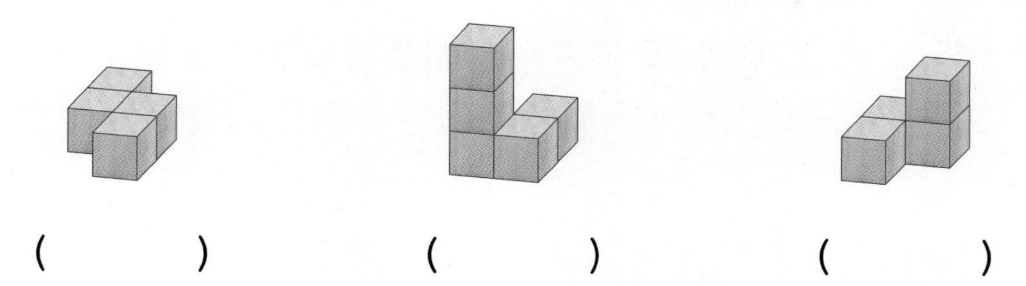

(　　　) (　　　) (　　　)

④ 쌓기나무의 수가 다른 하나를 찾아 써 보세요.

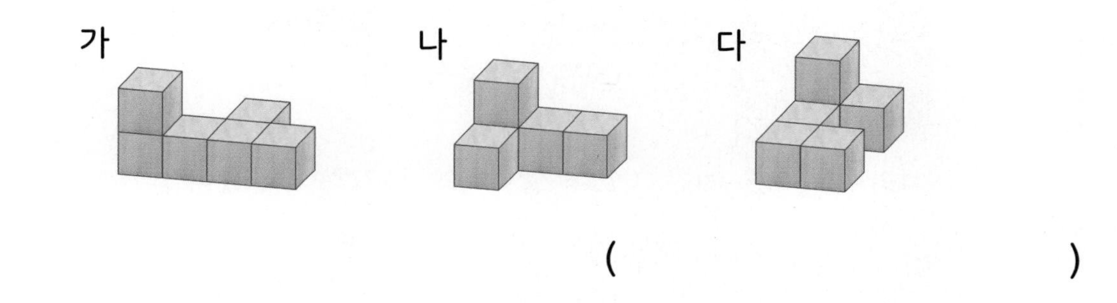

(　　　　　　)

⑤ 쌓기나무의 수가 다른 하나를 찾아 써 보세요.

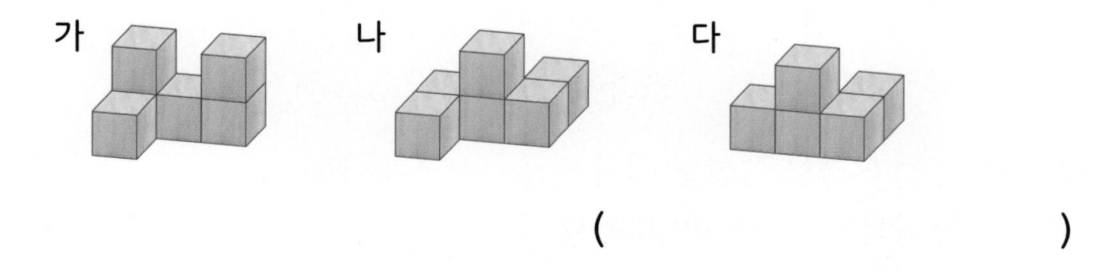

(　　　　　　)

4일 자른 도형 알아보기

이것만 알자

자르면 어떤 도형

➔ 잘랐을 때 곧은 선 3개로 둘러싸인 도형은 삼각형, 곧은 선 4개로 둘러싸인 도형은 사각형

예 오른쪽 도형을 점선을 따라 자르면 어떤 도형이 만들어지는지 모두 써 보세요.

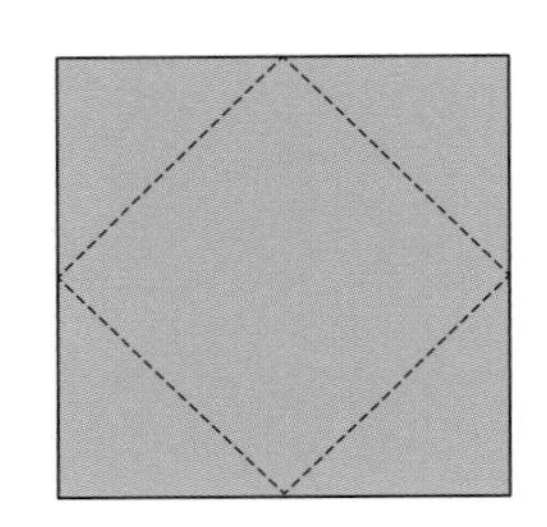

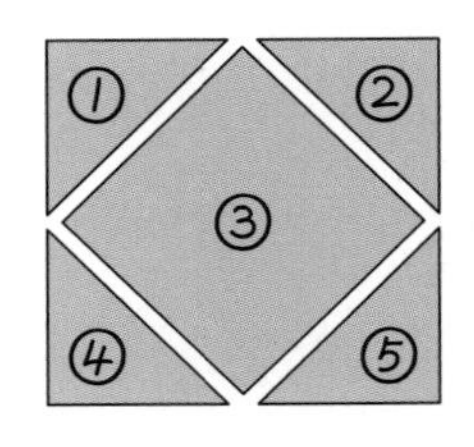

⇨ ①, ②, ④, ⑤는 삼각형이고 ③은 사각형입니다.

따라서 점선을 따라 자르면 삼각형과 사각형이 만들어집니다.

답 삼각형, 사각형

1 오른쪽 도형을 점선을 따라 자르면 어떤 도형이 만들어지는지 써 보세요.

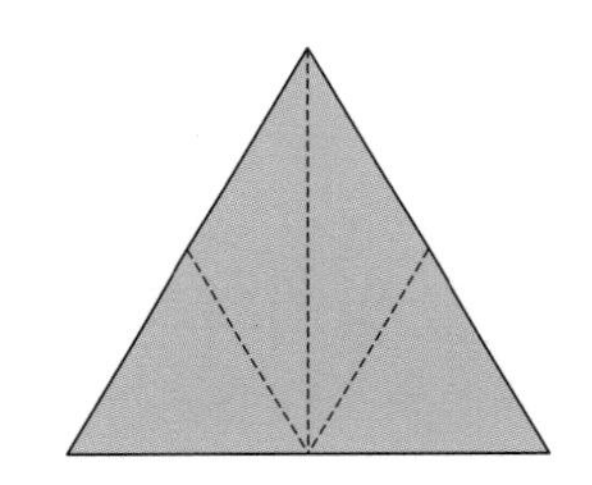

(   )

2 오른쪽 도형을 점선을 따라 자르면 어떤 도형이 만들어지는지 모두 써 보세요.

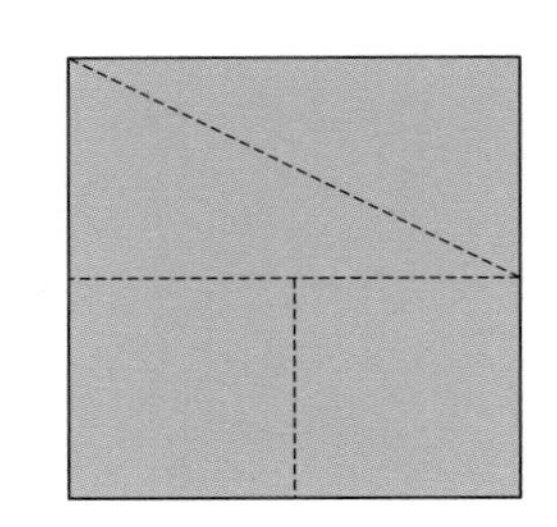

(,   )

왼쪽 ①, ②번과 같이 문제의 핵심 부분에 색칠하고,
문제를 풀어 보세요.

정답 6쪽

③ 오른쪽 도형을 점선을 따라 자르면 어떤 도형이 만들어지는지 써 보세요.

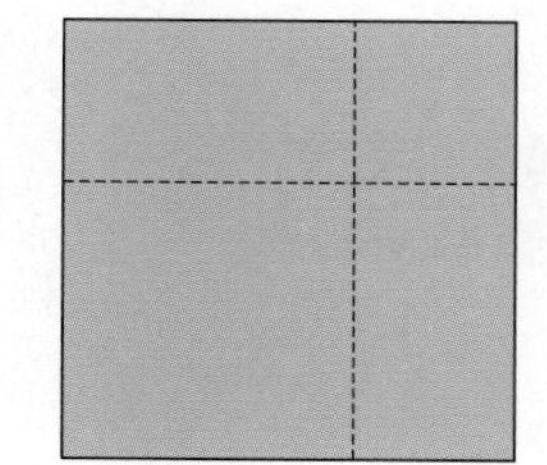

( )

④ 오른쪽 도형을 점선을 따라 자르면 어떤 도형이 만들어지는지 모두 써 보세요.

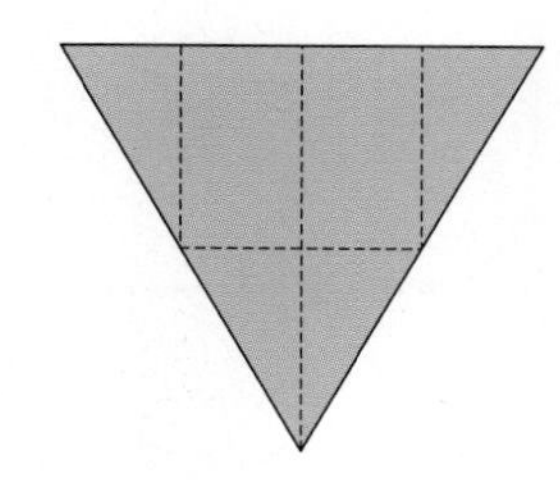

(,)

⑤ 오른쪽 도형을 점선을 따라 자르면 어떤 도형이 만들어지는지 모두 써 보세요.

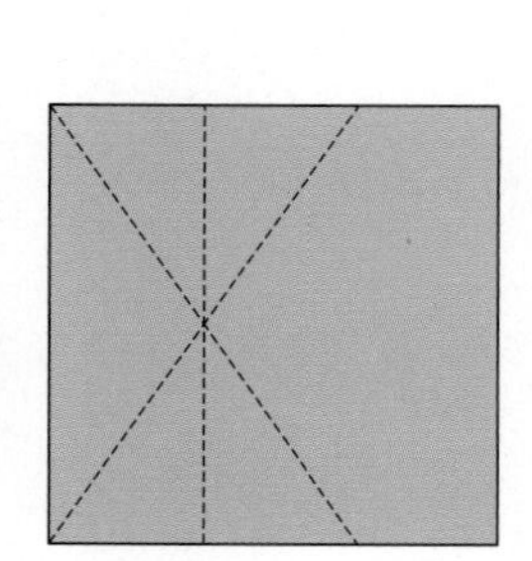

(,)

공부한 날짜 월 일

5일 두 도형의 변(꼭짓점)의 수 비교하기

이것만 알자

사각형 ➔ 변의 수: 4개, 꼭짓점의 수: 4개
오각형 ➔ 변의 수: 5개, 꼭짓점의 수: 5개

예 오각형은 사각형보다 꼭짓점이 몇 개 더 많을까요?

오각형은 꼭짓점이 5개이고,
사각형은 꼭짓점이 4개입니다.
따라서 오각형은 사각형보다 꼭짓점이
$5 - 4 = 1$(개) 더 많습니다.

답 1개

1 사각형은 삼각형보다 변이 몇 개 더 많을까요?

(개)

2 육각형은 사각형보다 꼭짓점이 몇 개 더 많을까요?

(개)

왼쪽 ①, ②번과 같이 문제의 핵심 부분에 색칠하고,
문제를 풀어 보세요.

정답 6쪽

③ 오각형은 삼각형보다 변이 몇 개 더 많을까요?

( )

④ □ 안에 알맞은 수를 구해 보세요.

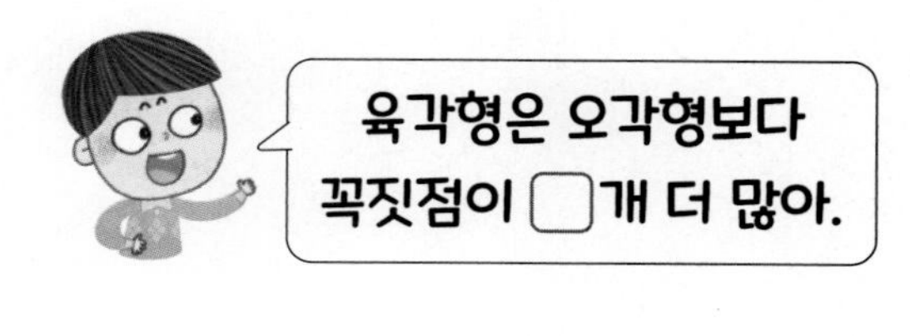

( )

⑤ 육각형은 원보다 변이 몇 개 더 많을까요?

( )

⑥ 원은 오각형보다 꼭짓점이 몇 개 더 적을까요?

( )

5일 가장 많이 사용한 도형 찾기

이것만 알자

가장 많이 사용한 도형은?
→ 도형의 수를 각각 세었을 때 수가 가장 많은 도형 찾기

예 그림에서 가장 많이 사용한 도형은 무엇이고 몇 개를 사용했는지 써 보세요.

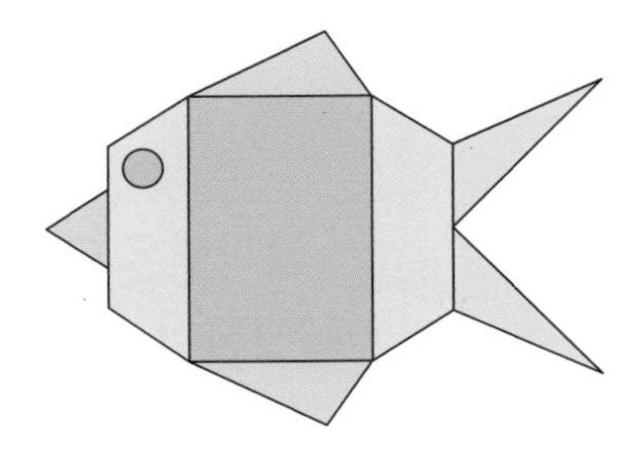

그림에서 사용한 도형의 수를 세어 보면
원이 1개, 삼각형이 5개, 사각형이 3개입니다.
따라서 가장 많이 사용한 도형은 삼각형이고
5개입니다.

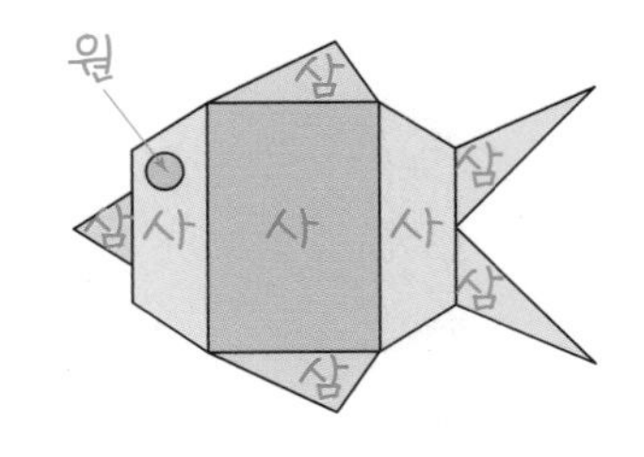

답 삼각형, 5개

1 그림에서 가장 많이 사용한 도형은 무엇이고 몇 개를 사용했는지 써 보세요.

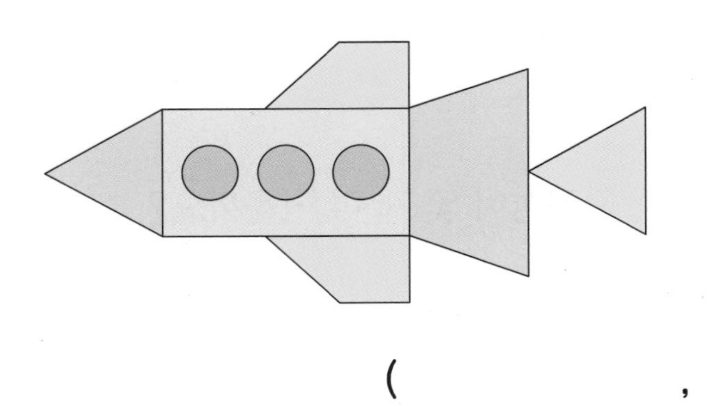

(,)

왼쪽 ①번과 같이 문제의 핵심 부분에 색칠하고,
문제를 풀어 보세요.

정답 7쪽

② 그림에서 가장 많이 사용한 도형은 무엇이고 몇 개를 사용했는지 써 보세요.

(,)

③ 그림에서 가장 많이 사용한 도형은 무엇이고 몇 개를 사용했는지 써 보세요.

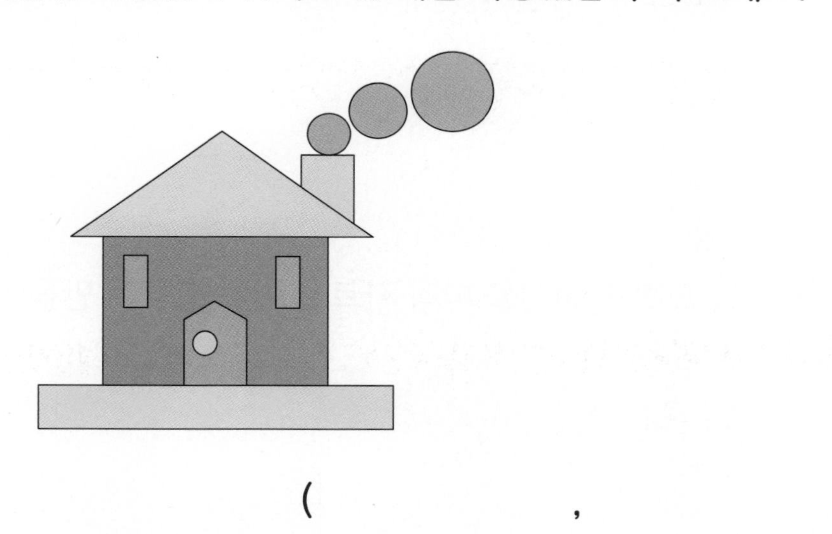

(,)

마무리하기

26쪽

1 쌓기나무 3개로 만든 모양을 모두 찾아 ○표 하세요.

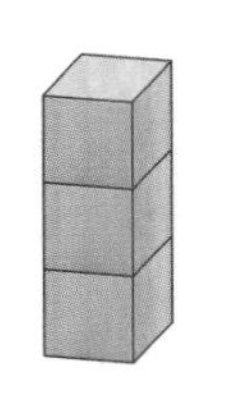

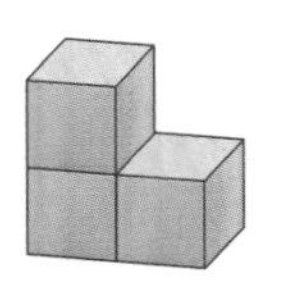

( ) ( ) ( )

26쪽

2 쌓기나무의 수가 다른 하나를 찾아 써 보세요.

가
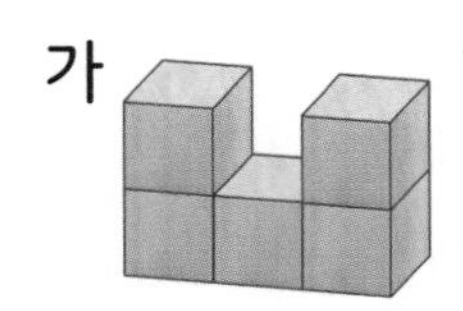
나
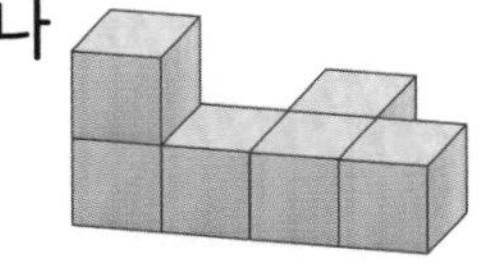
다

( )

28쪽

3 다음 도형을 점선을 따라 자르면 어떤 도형이 만들어지는지 모두 써 보세요.

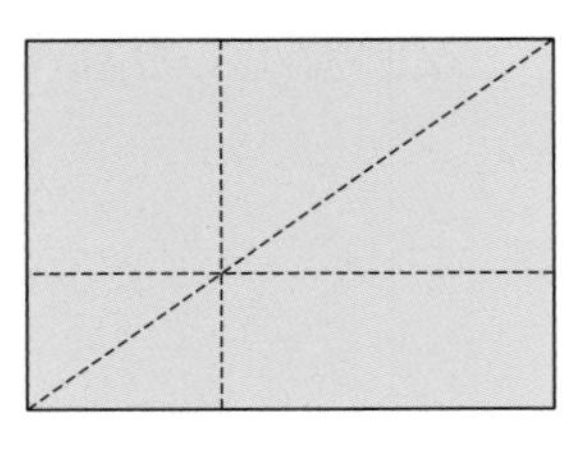

(,)

정답 7쪽

30쪽

4 사각형은 원보다 꼭짓점이 몇 개 더 많을까요?

( )

32쪽

5 그림에서 가장 많이 사용한 도형은 무엇이고 몇 개를 사용했는지 써 보세요.

(,)

6 30쪽 도전 문제

다음 중 변이 가장 많은 도형과 가장 적은 도형을 찾고, 두 도형의 변의 수의 차를 구해 보세요.

오각형 삼각형 육각형

❶ 변이 가장 많은 도형 → ( )

❷ 변이 가장 적은 도형 → ( )

❸ 위 ❶과 ❷의 변의 수의 차 → ( )

3 덧셈과 뺄셈

준비
계산으로
문장제 준비하기

7일차
- 모두 몇인지 구하기
- 더 많은 수 구하기

8일차
- 남은 수 구하기
- 더 적은 수 구하기

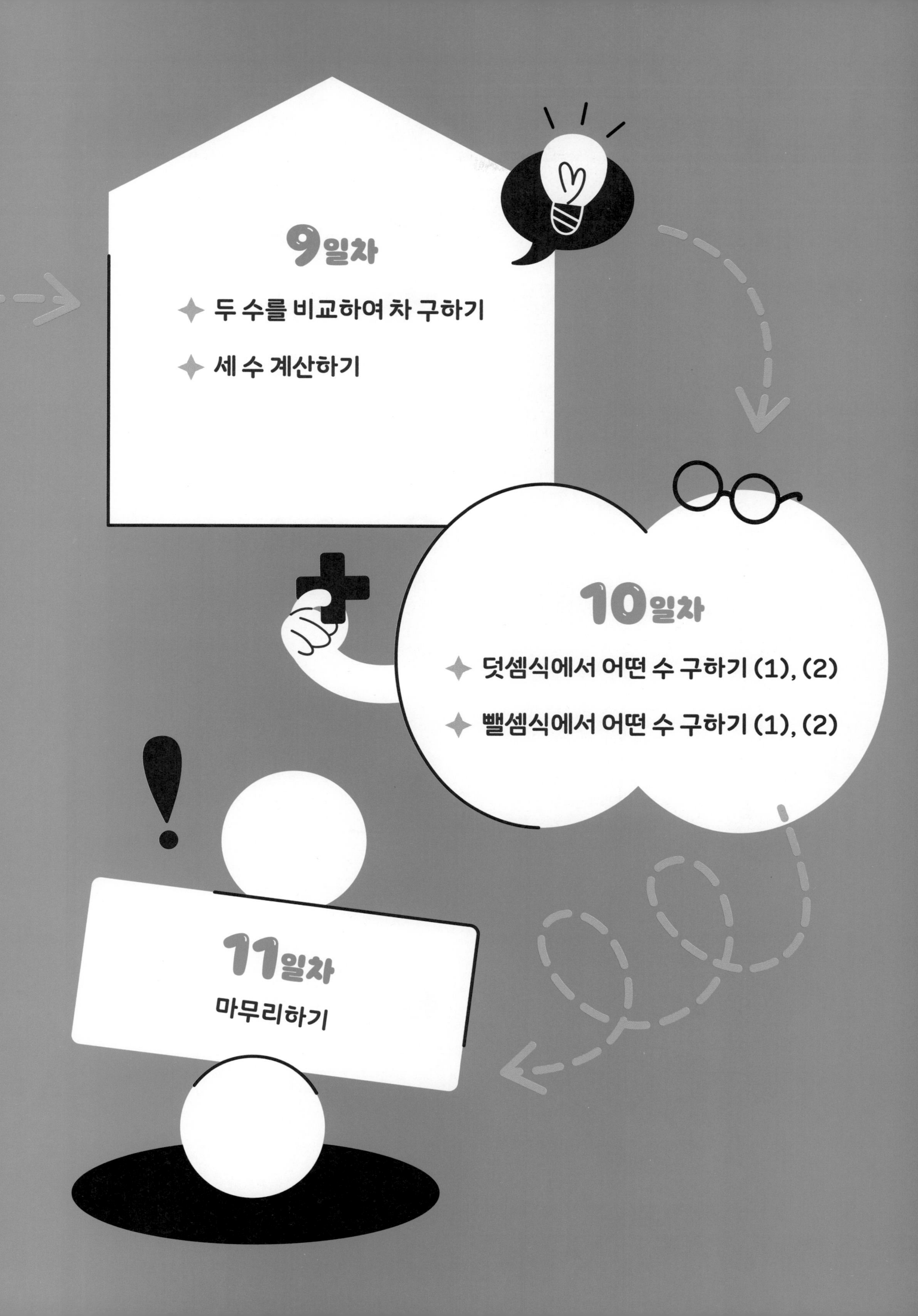
9일차
두 수를 비교하여 차 구하기
세 수 계산하기
10일차
덧셈식에서 어떤 수 구하기 (1), (2)
뺄셈식에서 어떤 수 구하기 (1), (2)
11일차
마무리하기

계산해 보세요.

❶
$$\begin{array}{r} \scriptstyle 1 \\ 1\ 8 \\ +\ \ \ 7 \\ \hline 2\ 5 \end{array}$$

일의 자리 수끼리의 합이 10이거나 10보다 크면 10을 십의 자리로 받아올려 계산해요.

❷
$$\begin{array}{r} 4\ 3 \\ +\ 2\ 9 \\ \hline \end{array}$$

❸
$$\begin{array}{r} \scriptstyle 1 \\ 5\ 7 \\ +\ 6\ 1 \\ \hline 1\ 1\ 8 \end{array}$$

십의 자리 수끼리의 합이 10이거나 10보다 크면 10을 백의 자리로 받아올려 계산해요.

❹
$$\begin{array}{r} 8\ 5 \\ +\ 3\ 7 \\ \hline \end{array}$$

❺
$$\begin{array}{r} \scriptstyle 1\ \ 10 \\ \not{2}\ 1 \\ -\ \ \ 9 \\ \hline 1\ 2 \end{array}$$

일의 자리 수끼리 뺄 수 없으면 십의 자리에서 10을 일의 자리로 받아내려 계산해요.

❻
$$\begin{array}{r} 6\ 0 \\ -\ 1\ 2 \\ \hline \end{array}$$

❼
$$\begin{array}{r} 8\ 4 \\ -\ 3\ 8 \\ \hline \end{array}$$

❽
$$\begin{array}{r} 9\ 3 \\ -\ 5\ 4 \\ \hline \end{array}$$

정답 8쪽

⑨ $26+6=$

⑩ $38+27=$

⑪ $49+14=$

⑫ $52+63=$

⑬ $97+26=$

⑭ $33-6=$

⑮ $50-23=$

⑯ $60-39=$

⑰ $72-16=$

⑱ $81-45=$

7일 모두 몇인지 구하기

이것만 알자

모두 몇 개 → 두 수를 더하기

예 남학생 27명, 여학생 28명이 식물원에 갔습니다. 식물원에 간 학생은 모두 몇 명일까요?

(식물원에 간 학생 수)
= (식물원에 간 남학생 수) + (식물원에 간 여학생 수)

식 27 + 28 = 55 답 55명

1 가온이는 색종이를 72장 가지고 있고, 현채는 54장 가지고 있습니다. 두 사람이 가지고 있는 색종이는 모두 몇 장일까요?

식 72 + 54 = ☐ 답 ☐장

가온이가 가지고 있는 색종이의 수

현채가 가지고 있는 색종이의 수

2 수족관에 금붕어가 36마리, 열대어가 47마리 있습니다. 수족관에 있는 물고기는 모두 몇 마리일까요?

식 ☐ + ☐ = ☐ 답 ☐마리

왼쪽 ①, ②번과 같이 문제의 핵심 부분에 색칠하고,
계산해야 하는 두 수에 밑줄을 그어 문제를 풀어 보세요.

정답 8쪽

③ 바구니에 빨간 장미가 27송이, 파란 장미가 5송이 있습니다. 바구니에 있는 장미는 모두 몇 송이일까요?

식 ____________________ 답 __________

④ 유찬이는 소설책을 어제는 46쪽 읽었고, 오늘은 28쪽 읽었습니다. 유찬이가 어제와 오늘 읽은 소설책은 모두 몇 쪽일까요?

식 ____________________ 답 __________

⑤ 재현이는 고구마를 15개 캤고, 민정이는 9개 캤습니다. 두 사람이 캔 고구마는 모두 몇 개일까요?

식 ____________________

답 __________

7일 더 많은 수 구하기

이것만 알자 34개보다 17개 더 많이 → 34 + 17

예 사탕을 준우는 34개 가지고 있고, 해민이는 준우보다 17개 더 많이 가지고 있습니다. 해민이가 가지고 있는 사탕은 몇 개일까요?

(해민이가 가지고 있는 사탕의 수)
= (준우가 가지고 있는 사탕의 수) + 17

식 34 + 17 = 51　　답 51개

1 어머니의 나이는 36살이고, 아버지의 나이는 어머니보다 5살 더 많습니다. 아버지의 나이는 몇 살일까요?

식 36 + 5 = ☐　　답 ☐살

(36: 어머니의 나이)

2 시현이네 학교 2학년 여학생은 71명이고, 남학생은 여학생보다 19명 더 많습니다. 시현이네 학교 2학년 남학생은 몇 명일까요?

식 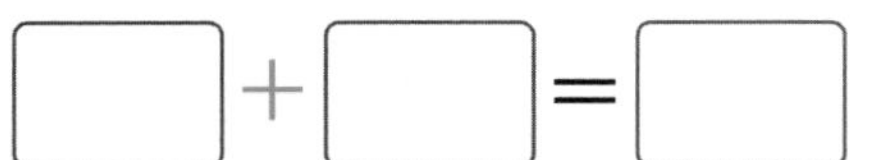　　답 ☐명

왼쪽 ①, ②번과 같이 문제의 핵심 부분에 색칠하고,
계산해야 하는 두 수에 밑줄을 그어 문제를 풀어 보세요.

정답 9쪽

③ 수학 문제를 동헌이는 22문제 풀었고, 유민이는 동헌이보다 9문제 더 많이 풀었습니다. 유민이가 푼 수학 문제는 몇 문제일까요?

식 ______________________ 답 ______________

④ 공장에서 어제 만든 컴퓨터는 94대였습니다. 오늘은 어제보다 15대 더 많이 만들었습니다. 오늘 공장에서 만든 컴퓨터는 몇 대일까요?

식 ______________________ 답 ______________

⑤ 지성이는 칭찬 붙임 딱지를 지난달에는 28장 모았고, 이번 달에는 지난달보다 25장 더 많이 모았습니다. 지성이가 이번 달에 모은 칭찬 붙임 딱지는 몇 장일까요?

식 ______________________

답 ______________

8일 남은 수 구하기

이것만 알자

~하고 남은 것은 몇 개
➔ (처음에 있던 수)−(없어진 수)

예 현진이는 구슬을 33개 가지고 있습니다. 친구에게 8개를 주면 현진이에게 남는 구슬은 몇 개일까요?

(남는 구슬의 수)
=(현진이가 가지고 있는 구슬의 수)−(친구에게 줄 구슬의 수)

식 33−8=25 답 25개

1 은찬이는 색종이를 47장 가지고 있습니다. 이 중에서 9장을 사용하면 남는 색종이는 몇 장일까요?

식 47−9=□ 답 □장

2 접시 위에 아몬드가 50개 있었습니다. 정호가 16개를 먹었다면 지금 접시 위에 남아 있는 아몬드는 몇 개일까요?

식 □−□=□ 답 □개

왼쪽 ①, ②번과 같이 문제의 핵심 부분에 색칠하고,
계산해야 하는 두 수에 밑줄을 그어 문제를 풀어 보세요.

정답 9쪽

③ 벌집에 꿀벌이 70마리 있었는데 41마리가 날아갔습니다. 벌집에 남아 있는 꿀벌은 몇 마리일까요?

식 ______________________ 답 __________

④ 선생님은 사탕을 62봉지 가지고 있습니다. 학생들에게 24봉지를 주면 남는 사탕은 몇 봉지일까요?

식 ______________________ 답 __________

⑤ 버스에 20명이 타고 있었습니다. 이번 정류장에서 타는 사람 없이 4명이 내렸다면 지금 버스에 타고 있는 사람은 몇 명일까요?

식 ______________________

답 __________

8일 더 적은 수 구하기

이것만 알자 **26개보다 7개 더 적게 ➔ 26 − 7**

예 공책을 승민이는 26권 가지고 있고, 예지는 승민이보다 7권 더 적게 가지고 있습니다. 예지가 가지고 있는 공책은 몇 권일까요?

(예지가 가지고 있는 공책의 수)
= (승민이가 가지고 있는 공책의 수) − 7

식 26 − 7 = 19 답 19권

1 문구점에서 도화지를 어제는 62장 팔았고, 오늘은 어제보다 45장 더 적게 팔았습니다. 문구점에서 오늘 판 도화지는 몇 장일까요?

식 62 − 45 = ☐ 답 ☐장

어제 판 도화지의 수

2 체육관에 야구공이 54개 있고, 축구공이 야구공보다 25개 더 적게 있습니다. 체육관에 있는 축구공은 몇 개일까요?

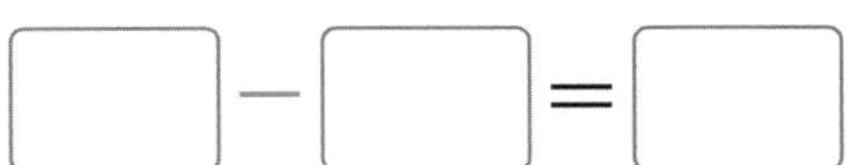

식 ☐ − ☐ = ☐ 답 ☐개

왼쪽 ①, ②번과 같이 문제의 핵심 부분에 색칠하고,
계산해야 하는 두 수에 밑줄을 그어 문제를 풀어 보세요.

정답 10쪽

③ 유수는 종이학을 35개 접었고, 선우는 유수보다 9개 더 적게 접었습니다.
선우가 접은 종이학은 몇 개일까요?

식 ____________________ 답 __________

④ 나무 위에 원숭이가 20마리 있었고, 나무 아래에 원숭이가 나무 위보다 8마리 더 적게 있었습니다. 나무 아래에 있는 원숭이는 몇 마리일까요?

식 ____________________ 답 __________

⑤ 서연이는 만화책을 50쪽 읽었고, 주원이는 서연이보다 14쪽 더 적게 읽었습니다. 주원이가 읽은 만화책은 몇 쪽일까요?

식 ____________________

답 __________

공부한 날짜 월 일

9일 두 수를 비교하여 차 구하기

이것만 알자

83개는 38개보다 얼마나 더 많은가?

→ 83 − 38

예 동물원에 있는 거북의 나이는 83살, 두루미의 나이는 38살입니다.
거북은 두루미보다 몇 살 더 많을까요?

(거북의 나이) − (두루미의 나이)

식 83 − 38 = 45

답 45살

'■는 ●보다 얼마나 더 적을'과 같은 표현이 있으면 ● − ■를 이용해요.

1 아름이는 연필을 44자루 가지고 있고, 색연필을 6자루 가지고 있습니다.
아름이가 가지고 있는 연필은 색연필보다 몇 자루 더 많을까요?

식 44 − 6 = □

연필의 수 / 색연필의 수

답 □자루

2 수학 문제를 승호는 40문제 맞혔고, 은주는 22문제 맞혔습니다.
승호는 은주보다 맞힌 문제가 몇 문제 더 많을까요?

식 □ − □ = □

답 □문제

왼쪽 ①, ②번과 같이 문제의 핵심 부분에 색칠하고, 계산해야 하는 두 수에 밑줄을 그어 문제를 풀어 보세요.

정답 10쪽

③ 상자 안에 검은색 바둑돌이 21개 들어 있고, 흰색 바둑돌이 9개 들어 있습니다. 검은색 바둑돌은 흰색 바둑돌보다 몇 개 더 많을까요?

식 ______________________

답 ____________

④ 진우는 윗몸 말아 올리기를 어제는 70번 했고, 오늘은 48번 했습니다. 진우가 어제 한 윗몸 말아 올리기는 오늘보다 몇 번 더 많을까요?

식 ______________________ 답 ____________

⑤ 빵 가게에 단팥빵이 52개, 크림빵이 34개 진열되어 있습니다. 빵 가게에 진열되어 있는 크림빵은 단팥빵보다 몇 개 더 적을까요?

식 ______________________ 답 ____________

9일 세 수 계산하기

이것만 알자

더 많아지는 경우 ➔ 덧셈 이용하기
더 적어지는 경우 ➔ 뺄셈 이용하기

예 개미집에 개미가 36마리 있었습니다. 개미 17마리가 더 들어왔고 24마리가 먹이를 구하러 나갔습니다. 지금 개미집에 있는 개미는 몇 마리일까요?

(지금 개미집에 있는 개미의 수)
= (처음 개미집에 있던 개미의 수)
+ (더 들어온 개미의 수)
− (나간 개미의 수)

식 $36+17-24=29$ 답 29마리

1 주머니에 구슬이 23개 있었습니다. 그중에서 구슬을 15개 꺼내고 구슬을 18개 새로 넣었습니다. 지금 주머니에 있는 구슬은 몇 개일까요?

식 $23-15+18=\square$ 답 $\square$개

처음 주머니에 있던 구슬의 수 / 꺼낸 구슬의 수 / 새로 넣은 구슬의 수

2 공원에 자전거가 42대 있었습니다. 잠시 후 15대가 더 들어오고 9대가 빠져나갔습니다. 지금 공원에 있는 자전거는 몇 대일까요?

식 $\square+\square-\square=\square$ 답 $\square$대

왼쪽 ①, ②번과 같이 문제의 핵심 부분에 색칠하고,
계산해야 하는 세 수에 밑줄을 그어 문제를 풀어 보세요.

정답 11쪽

③ 수아는 카드를 18장 가지고 있었습니다. 카드를 어머니에게 7장 받고 아버지에게 9장 받았습니다. 지금 수아가 가지고 있는 카드는 몇 장일까요?

식 ______________________ 답 ____________

④ 바구니에 양파가 15개 있었습니다. 어머니께서 양파 7개를 더 사 오시고 13개를 사용했습니다. 지금 바구니에 있는 양파는 몇 개일까요?

식 ______________________

답 ____________

⑤ 과일 가게에 딸기가 82상자 있었습니다. 그중에서 오전에 36상자 팔았고 오후에 27상자 팔았습니다. 지금 과일 가게에 있는 딸기는 몇 상자일까요?

식 ______________________ 답 ____________

10일 덧셈식에서 어떤 수 구하기(1)

이것만 알자

어떤 수(□)에 26을 더했더니 55 ➔ □+26=55
빨셈식으로 나타내면 ➔ 55−26=□

예 어떤 수에 26을 더했더니 55가 되었습니다. 어떤 수를 구해 보세요.

① 어떤 수를 □라 하여 덧셈식을 세웁니다.
□ + 26 = 55
② 덧셈식을 뺄셈식으로 나타내어 어떤 수를 구합니다.
□ + 26 = 55 ⇨ 55 − 26 = □, □ = 29

답 29

1 어떤 수에 7을 더했더니 41이 되었습니다. 어떤 수를 구해 보세요.

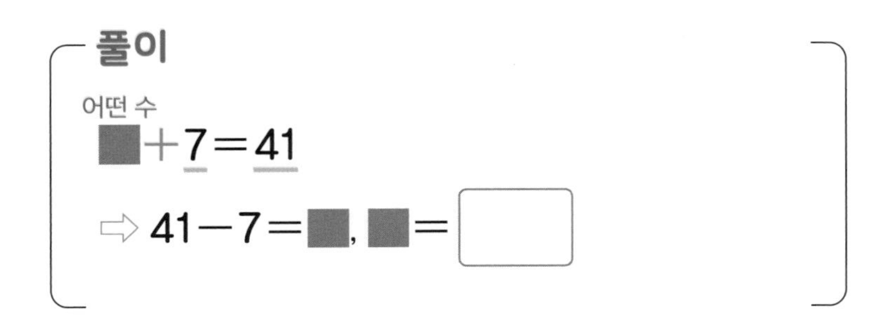

답

2 어떤 수에 48을 더했더니 70이 되었습니다. 어떤 수를 구해 보세요.

풀이
어떤 수
■+48=□
⇨ □−□=■, ■=□

답

덧셈식에서 어떤 수 구하기(2)

정답 11쪽

이것만 알자

12에 어떤 수(□)를 더했더니 40 ➔ $12+□=40$

뺄셈식으로 나타내면 ➔ $40-12=□$

예 12에 어떤 수를 더했더니 40이 되었습니다. 어떤 수를 구해 보세요.

❶ 어떤 수를 □라 하여 덧셈식을 세웁니다.

$12+□=40$

❷ 덧셈식을 뺄셈식으로 나타내어 어떤 수를 구합니다.

$12+□=40$ ⇨ $40-12=□$, $□=28$

답 28

1 34에 어떤 수를 더했더니 53이 되었습니다. 어떤 수를 구해 보세요.

풀이

어떤 수

$34+■=53$

⇨ $53-34=■$, $■=□$

답

2 56에 어떤 수를 더했더니 84가 되었습니다. 어떤 수를 구해 보세요.

풀이

어떤 수

$56+■=□$

⇨ $□-□=■$, $■=□$

답

10일

뺄셈식에서 어떤 수 구하기(1)

이것만 알자

어떤 수(□)에서 18을 뺐더니 35 ➔ □－18＝35
덧셈식으로 나타내면 ➔ 35＋18＝□

예 어떤 수에서 18을 뺐더니 35가 되었습니다. 어떤 수를 구해 보세요.

❶ 어떤 수를 □라 하여 뺄셈식을 세웁니다.
□ - 18 = 35
❷ 뺄셈식을 덧셈식으로 나타내어 어떤 수를 구합니다.
□ - 18 = 35 ⇨ 35 + 18 = □, □ = 53

답 53

1 어떤 수에서 9를 뺐더니 67이 되었습니다. 어떤 수를 구해 보세요.

풀이
어떤 수
■－9＝67
⇨ 67＋9＝■, ■＝□

답

2 어떤 수에서 46을 뺐더니 91이 되었습니다. 어떤 수를 구해 보세요.

풀이
어떤 수
■－46＝□
⇨ □＋46＝■, ■＝□

답

뺄셈식에서 어떤 수 구하기(2)

정답 12쪽

이것만 알자

24에서 어떤 수(□)를 뺐더니 15 ➔ 24−□=15
다른 뺄셈식으로 나타내면 ➔ 24−15=□

예 24에서 어떤 수를 뺐더니 15가 되었습니다. 어떤 수를 구해 보세요.

❶ 어떤 수를 □라 하여 뺄셈식을 세웁니다.

24 − □ = 15

❷ 뺄셈식을 다른 뺄셈식으로 나타내어 어떤 수를 구합니다.

24 − □ = 15 ⇨ 24 − 15 = □, □ = 9

답 9

1 53에서 어떤 수를 뺐더니 27이 되었습니다. 어떤 수를 구해 보세요.

풀이

어떤 수

53−■=27

⇨ 53−27=■, ■=□

답 ______

2 82에서 어떤 수를 뺐더니 49가 되었습니다. 어떤 수를 구해 보세요.

풀이

어떤 수

82−■=□

⇨ □−□=■, ■=□

답 ______

11일 마무리하기

40쪽

1 현아는 귤을 16개 땄고, 선미는 8개 땄습니다. 두 사람이 딴 귤은 모두 몇 개일까요?

( )

42쪽

2 정우는 줄넘기를 어제는 73번 했고, 오늘은 어제보다 17번 더 많이 했습니다. 정우가 오늘 한 줄넘기는 몇 번일까요?

( )

46쪽

3 신발 가게에서 운동화를 오전에는 56켤레 팔았고, 오후에는 오전보다 18켤레 더 적게 팔았습니다. 신발 가게에서 오후에 판 운동화는 몇 켤레일까요?

( )

정답 12쪽

48쪽

4 꽃 가게에 튤립이 72송이, 백합이 65송이 있습니다. 꽃 가게에 있는 튤립은 백합보다 몇 송이 더 많을까요?

( )

50쪽

5 버스에 35명이 타고 있었습니다. 정류장에 도착하여 7명이 내리고, 9명이 탔습니다. 지금 버스에 타고 있는 사람은 몇 명일까요?

( )

55쪽

6 92에서 어떤 수를 뺐더니 66이 되었습니다. 어떤 수를 구해 보세요.

( )

7 52쪽

도전 문제

어떤 수에서 28을 빼야 할 것을 잘못하여 더했더니 81이 되었습니다.
바르게 계산한 값을 구해 보세요.

❶ 어떤 수 → ( )

❷ 바르게 계산한 값 → ( )

4 길이 재기

준비

기본 문제로
문장제 준비하기

12일차

- 같은 단위로 물건의 길이 재기
- 연결한 모형의 길이 비교하기

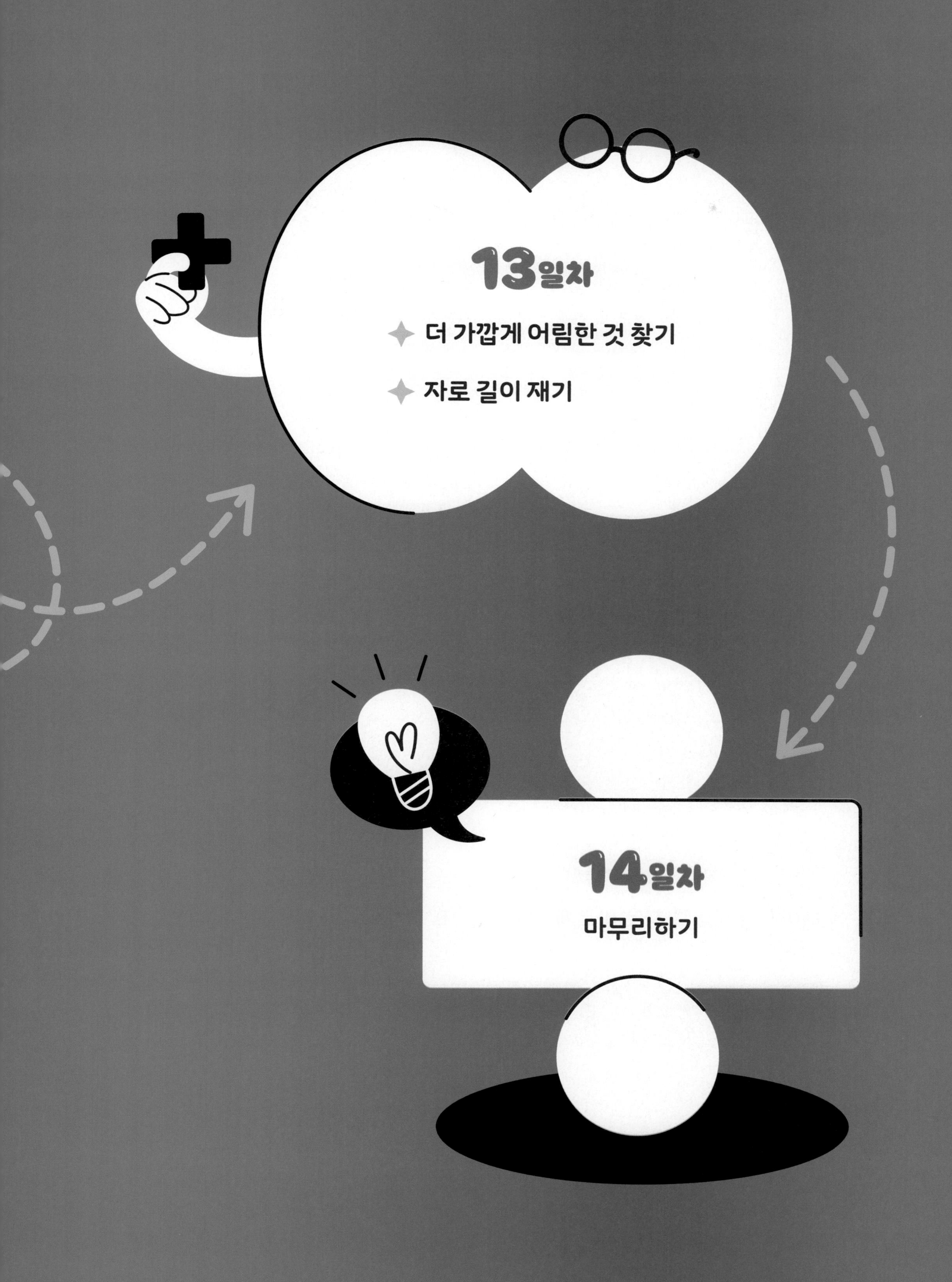
13일차
더 가깝게 어림한 것 찾기
자로 길이 재기
14일차
마무리하기

준비 기본 문제로 문장제 준비하기

1 뼘으로 창문의 긴 쪽의 길이를 재었습니다. □ 안에 알맞은 수를 써넣으세요.

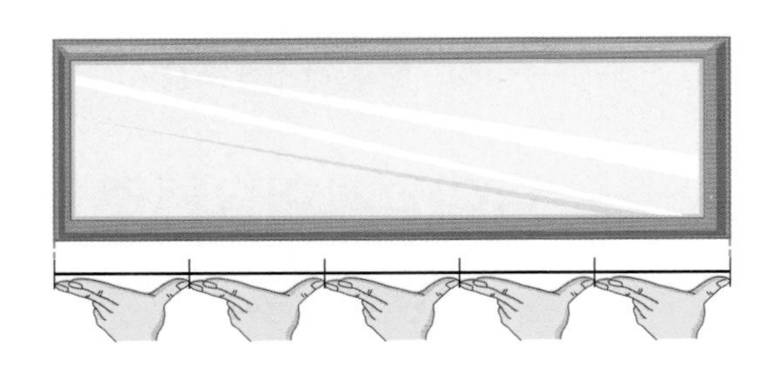

창문의 긴 쪽의 길이는 뼘으로 □ 번입니다.

뼘: 엄지손가락과 다른 손가락을 완전히 펴서 벌렸을 때에 두 끝 사이의 거리

2 주어진 길이를 쓰고 읽어 보세요.

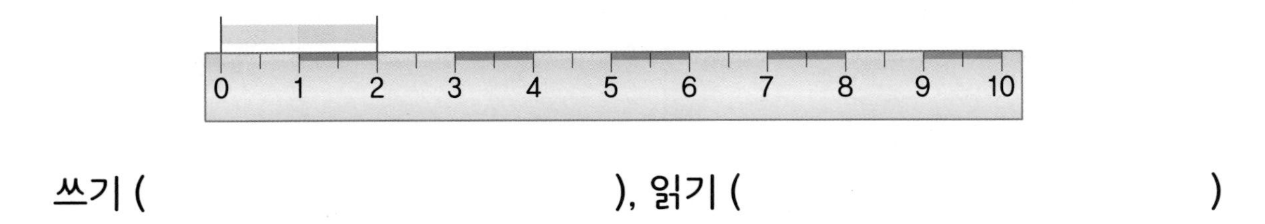

쓰기 (   ), 읽기 (   )

3 색 테이프의 길이를 자로 바르게 잰 것에 ○표 하세요.

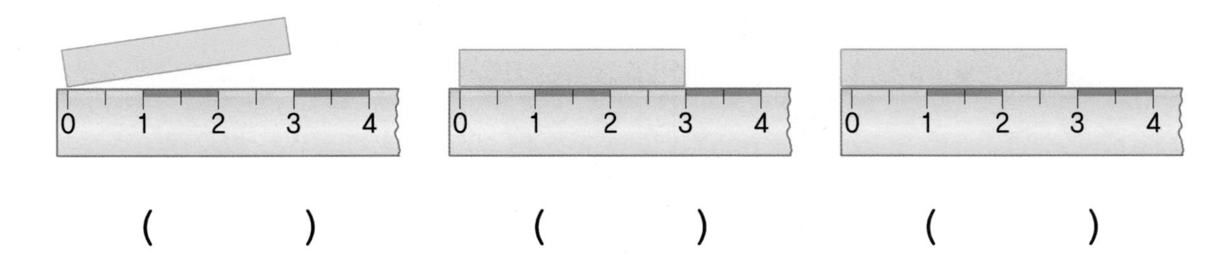

(   )   (   )   (   )

정답 13쪽

4 빨대의 길이는 몇 cm일까요?

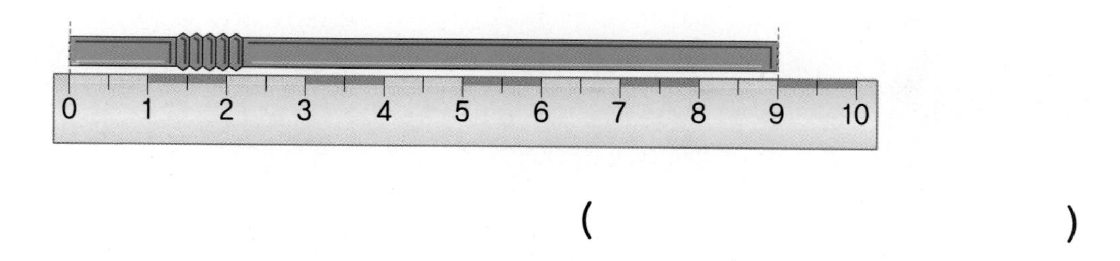

(　　　　　　　　　　　　　　　)

5 과자의 길이를 재었습니다. ☐ 안에 알맞은 수를 써넣으세요.

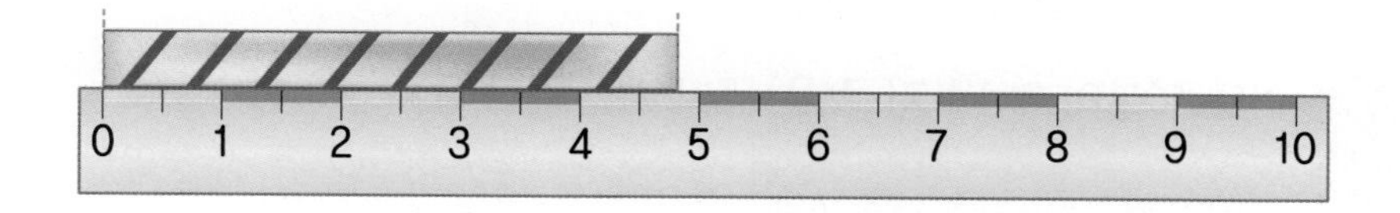

(1) 과자의 오른쪽 끝이 ☐ cm에 가깝습니다.

(2) 과자의 길이는 약 ☐ cm입니다.

6 물건의 길이를 어림하고 자로 재어 확인해 보세요.

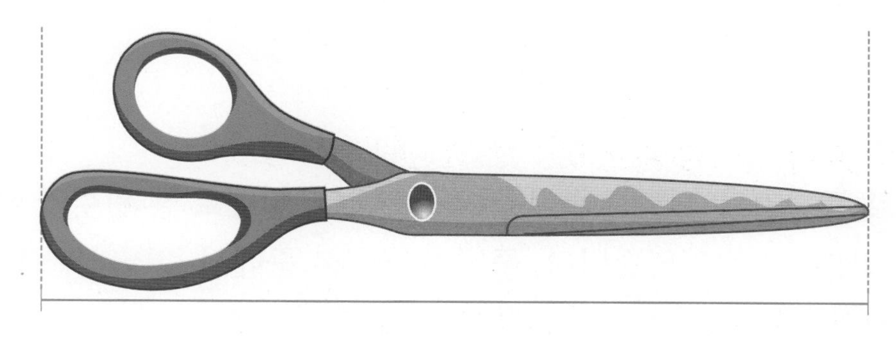

어림한 길이 (　　　　　　　　　　　　　　　)

자로 잰 길이 (　　　　　　　　　　　　　　　)

공부한 날짜 월 일

12일 같은 단위로 물건의 길이 재기

이것만 알자

길이가 더 긴(짧은) 것은?
→ 길이를 잰 횟수가 더 많은(적은) 것 찾기

예 클립으로 크레파스와 풀의 길이를 재었습니다. 클립으로 잰 횟수가 크레파스는 5번, 풀은 4번이었습니다. 크레파스와 풀 중에서 길이가 더 긴 것은 무엇일까요?

잰 횟수가 많을수록 길이가 더 깁니다.
5>4이므로 길이가 더 긴 것은 크레파스입니다.

답 크레파스

1 뼘으로 우산과 지팡이의 길이를 재었습니다. 뼘으로 잰 횟수가 우산은 6번, 지팡이는 7번이었습니다. 우산과 지팡이 중에서 길이가 더 긴 것은 무엇일까요?

( )

2 빨대로 줄넘기와 리본의 길이를 재었습니다. 빨대로 잰 횟수가 줄넘기는 8번, 리본은 6번이었습니다. 줄넘기와 리본 중에서 길이가 더 짧은 것은 무엇일까요?

( )

왼쪽 ①, ②번과 같이 문제의 핵심 부분에 색칠하고,
비교해야 하는 두 수에 밑줄을 그어 문제를 풀어 보세요.

정답 13쪽

③ 지우개로 숟가락과 포크의 길이를 재었습니다. 지우개로 잰 횟수가 숟가락은 9번, 포크는 7번이었습니다. 숟가락과 포크 중에서 길이가 더 긴 것은 무엇일까요?

( )

④ 옷핀으로 수수깡과 밧줄의 길이를 재었습니다. 옷핀으로 잰 횟수가 수수깡은 7번, 밧줄은 8번이었습니다. 수수깡과 밧줄 중에서 길이가 더 긴 것은 무엇일까요?

( )

⑤ 누름 못으로 리코더와 하모니카의 길이를 재었습니다. 누름 못으로 잰 횟수가 리코더는 10번, 하모니카는 6번이었습니다. 리코더와 하모니카 중에서 길이가 더 짧은 것은 무엇일까요?

( )

12일 연결한 모형의 길이 비교하기

이것만 알자

가장 길게(짧게) 연결한 사람은?
➔ 모형을 가장 많이(적게) 연결한 사람 찾기

예 경환, 혜원, 채은이는 모형으로 모양 만들기를 하였습니다. 가장 길게 연결한 사람은 누구일까요?

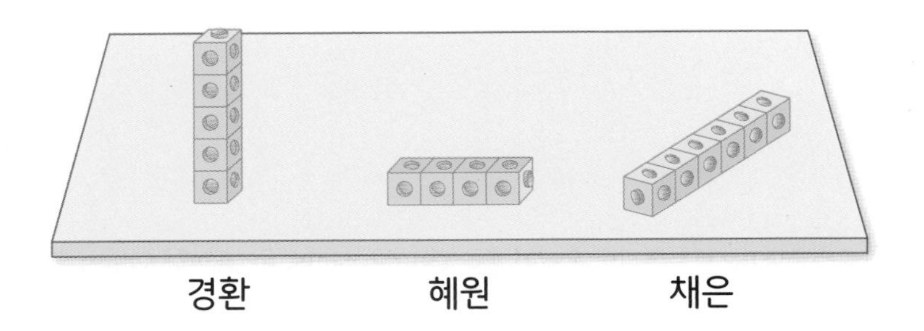

모형의 수가 많을수록 길이가 깁니다.
경환: 5개, 혜원: 4개, 채은: 6개
따라서 모형을 가장 길게 연결한 사람은 채은입니다.

답 채은

1 수진, 시현, 재서는 모형으로 모양 만들기를 하였습니다. 가장 길게 연결한 사람은 누구일까요?

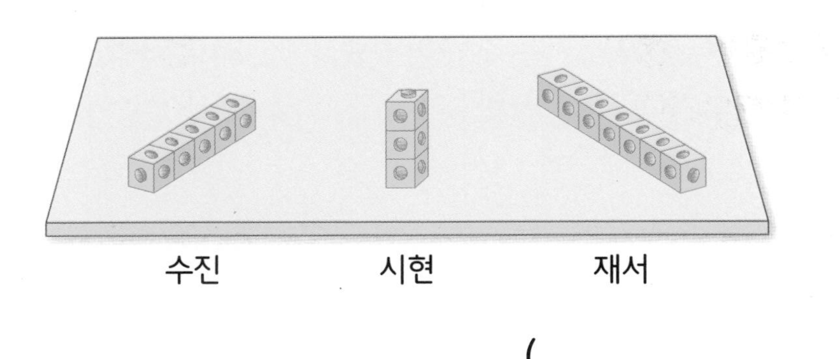

(　　　　　　　　　　)

왼쪽 ❶번과 같이 문제의 핵심 부분에 색칠하고,
문제를 풀어 보세요.

정답 14쪽

❷ 유수, 경진, 지원이는 모형으로 모양 만들기를 하였습니다. 가장 길게 연결한 사람은 누구일까요?

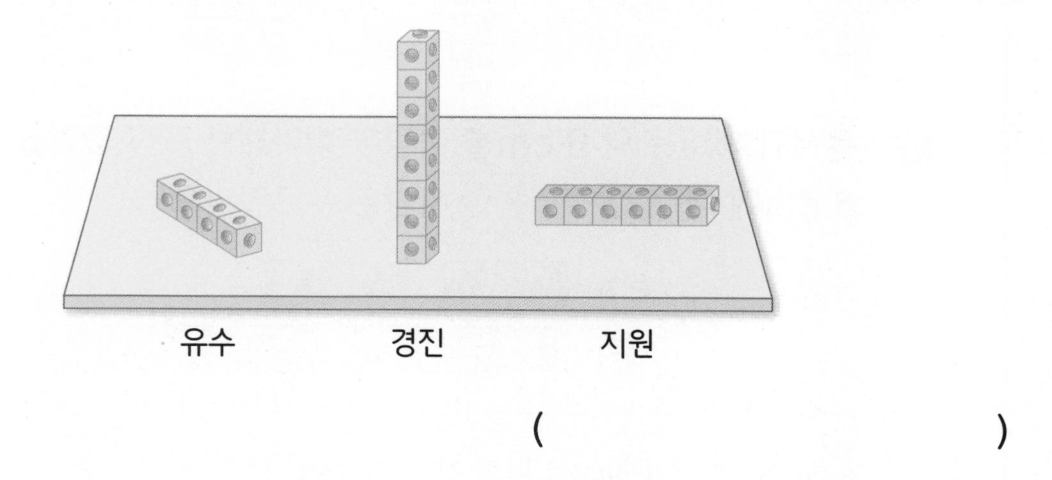

( )

❸ 현선, 우진, 승기는 모형으로 모양 만들기를 하였습니다. 가장 짧게 연결한 사람은 누구일까요?

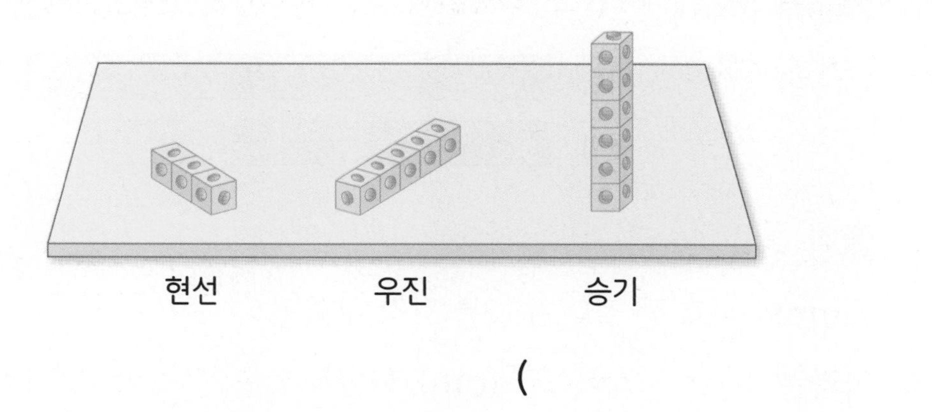

( )

13일 더 가깝게 어림한 것 찾기

이것만 알자

더 가깝게 어림 → 어림한 길이와 실제 길이의 차이가 더 작은 것 찾기

예 윤서와 태희는 약 6 cm를 어림하여 아래와 같이 종이를 잘랐습니다.
6 cm에 더 가깝게 어림한 사람은 누구일까요?

윤서
태희

6 cm와 자로 잰 길이의 차를 각각 구하면
윤서는 6 − 4 = 2(cm), 태희는 7 − 6 = 1(cm)이므로
6 cm에 더 가깝게 어림한 사람은 태희입니다.

답 태희

1 아라와 현아는 약 7 cm를 어림하여 아래와 같이 종이를 잘랐습니다. 7 cm에 더 가깝게 어림한 사람은 누구일까요?

아라
현아

풀이

7 cm와 자로 잰 길이의 차를 각각 구하면
아라는 7 − ☐ = ☐(cm), 현아는 7 − ☐ = ☐(cm)이므로
7 cm에 더 가깝게 어림한 사람은 ☐입니다.

답 ☐

왼쪽 ① 번과 같이 문제의 핵심 부분에 색칠하고,
문제를 풀어 보세요.

정답 14쪽

② 희재와 찬우는 약 8 cm를 어림하여 아래와 같이 종이를 잘랐습니다.
8 cm에 더 가깝게 어림한 사람은 누구일까요?

희재

찬우

풀이

답

③ 아름, 진우, 민호는 약 10 cm를 어림하여 아래와 같이 종이를 잘랐습니다.
10 cm에 가장 가깝게 어림한 사람은 누구일까요?

아름

진우

민호

풀이

답

13일 자로 길이 재기

이것만 알자

물건의 한쪽 끝이 0이 아닐 때
➔ 1 cm가 몇 번 들어가는지 구하기

예 부러진 자를 이용하여 색연필의 길이를 재려고 합니다. 색연필의 길이는 몇 cm일까요?

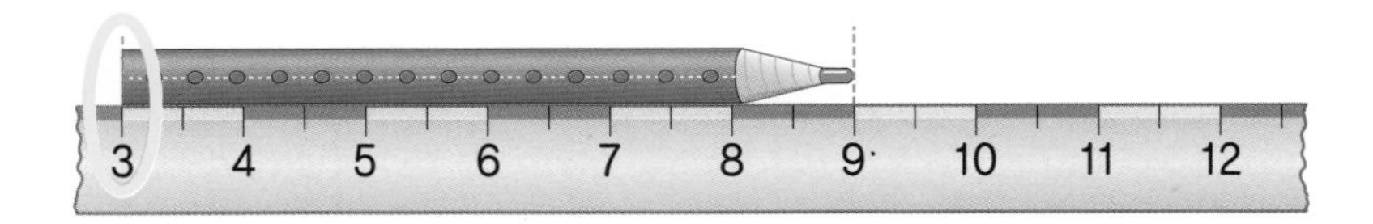

자의 눈금 3부터 9까지 1 cm가 6번 들어가므로
색연필의 길이는 6 cm입니다.

답 6 cm

1 부러진 자를 이용하여 크레파스의 길이를 재려고 합니다. 크레파스의 길이는 몇 cm일까요?

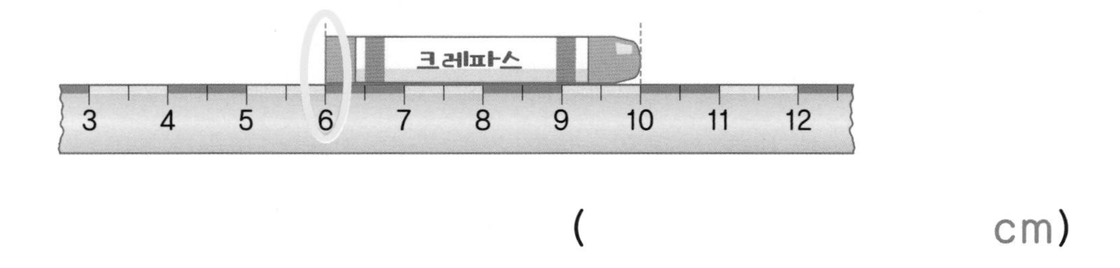

(cm)

2 부러진 자를 이용하여 클립의 길이를 재려고 합니다. 클립의 길이는 몇 cm일까요?

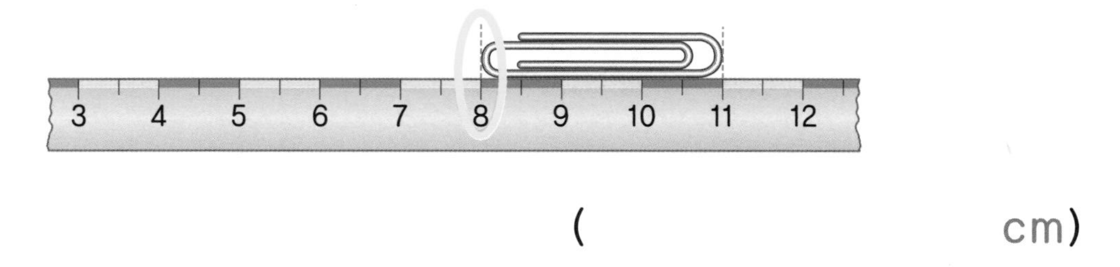

(cm)

왼쪽 ①, ②번과 같이 문제의 그림에 ○표 하고,
문제를 풀어 보세요.

정답 15쪽

③ 부러진 자를 이용하여 리본의 길이를 재려고 합니다. 리본의 길이는 몇 cm일까요?

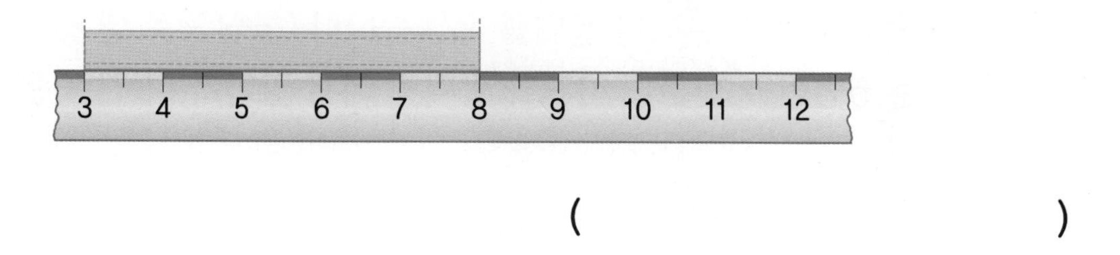

( )

④ 부러진 자를 이용하여 연필의 길이를 재려고 합니다. 연필의 길이는 몇 cm일까요?

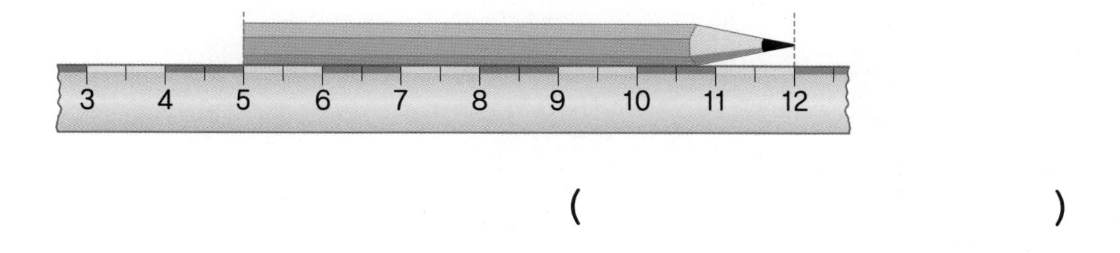

( )

⑤ 부러진 자를 이용하여 못의 길이를 재려고 합니다. 못의 길이는 몇 cm일까요?

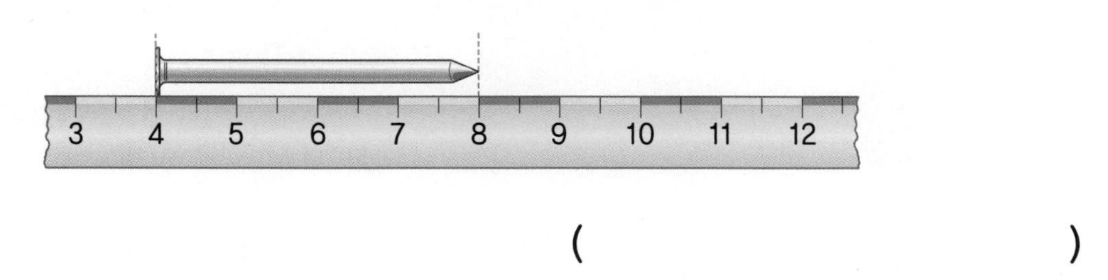

( )

공부한 날짜 월 일

14일 마무리하기

62쪽

1 클립으로 시계와 팔찌의 길이를 재었습니다. 클립으로 잰 횟수가 시계는 7번, 팔찌는 5번이었습니다. 시계와 팔찌 중에서 길이가 더 긴 것은 무엇일까요?

( )

62쪽

2 누름 못으로 수수깡과 나무젓가락의 길이를 재었습니다. 누름 못으로 잰 횟수가 수수깡은 8번, 나무젓가락은 9번이었습니다. 수수깡과 나무젓가락 중에서 길이가 더 짧은 것은 무엇일까요?

( )

64쪽

3 한종, 지희, 민채는 모형으로 모양 만들기를 하였습니다. 가장 짧게 연결한 사람은 누구일까요?

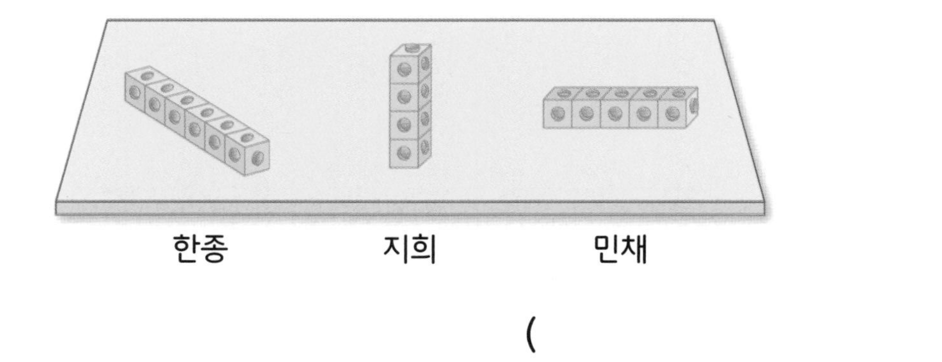

( )

정답 15쪽

66쪽

4 지민, 아영, 다연이는 약 9 cm를 어림하여 아래와 같이 종이를 잘랐습니다. 9 cm에 가깝게 어림한 사람부터 차례대로 이름을 써 보세요.

지민

아영

다연

( )

5 68쪽

도전 문제

부러진 자를 이용하여 빨간색 선의 길이와 초록색 선의 길이를 재려고 합니다. 빨간색 선의 길이와 초록색 선의 길이의 차는 몇 cm일까요?

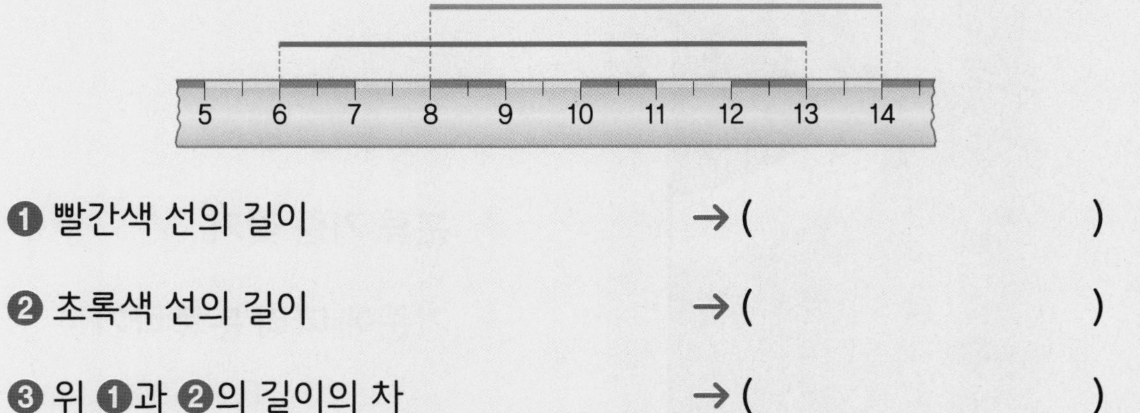

❶ 빨간색 선의 길이 → ( )

❷ 초록색 선의 길이 → ( )

❸ 위 ❶과 ❷의 길이의 차 → ( )

5 분류하기

준비

기본 문제로
문장제 준비하기

15일차

- 분류 기준 찾기
- 기준에 따라 분류하기

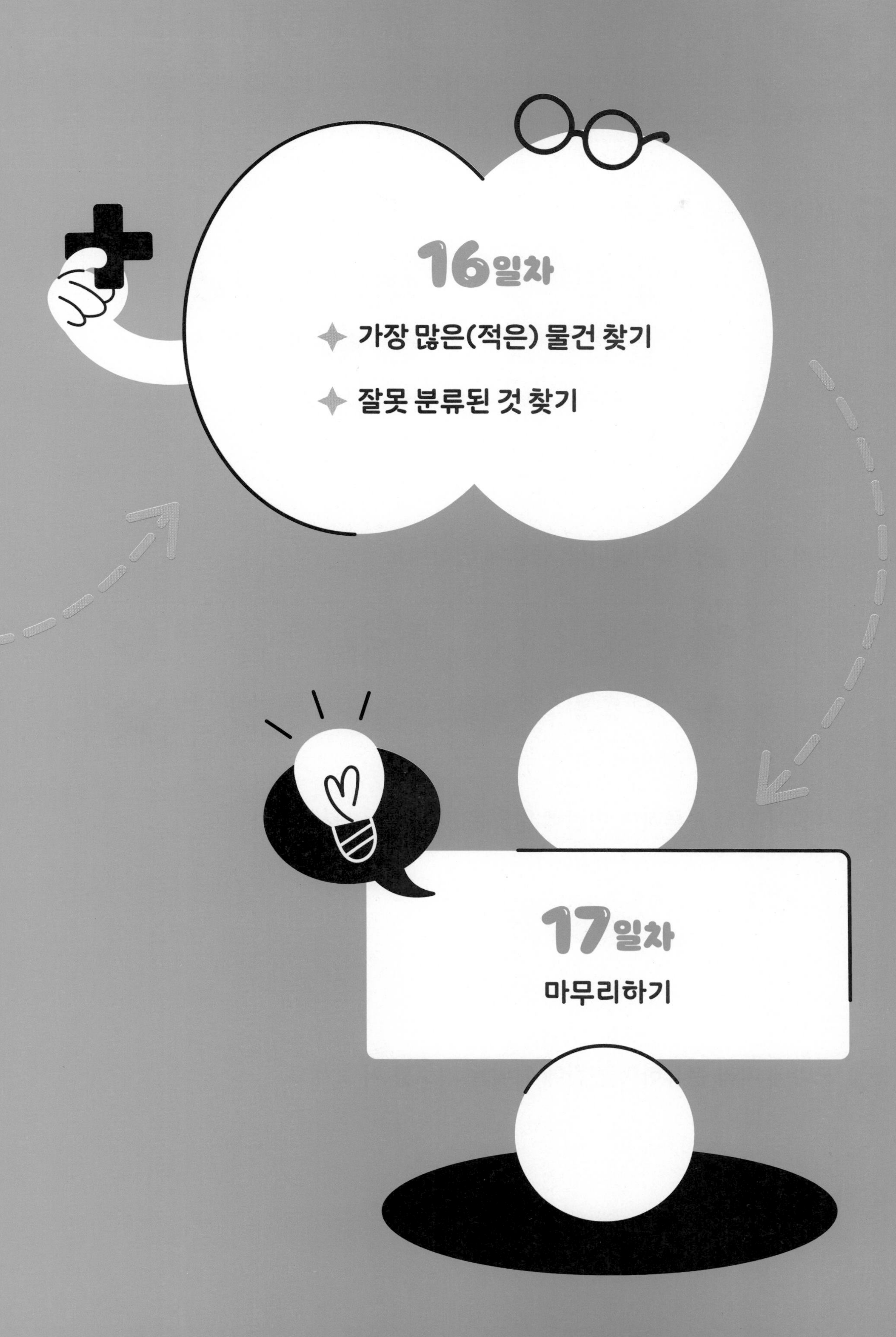
16일차
가장 많은(적은) 물건 찾기
잘못 분류된 것 찾기
17일차
마무리하기

준비 기본 문제로 문장제 준비하기

1 색깔을 기준으로 분류할 수 있는 것에 ○표 하세요.

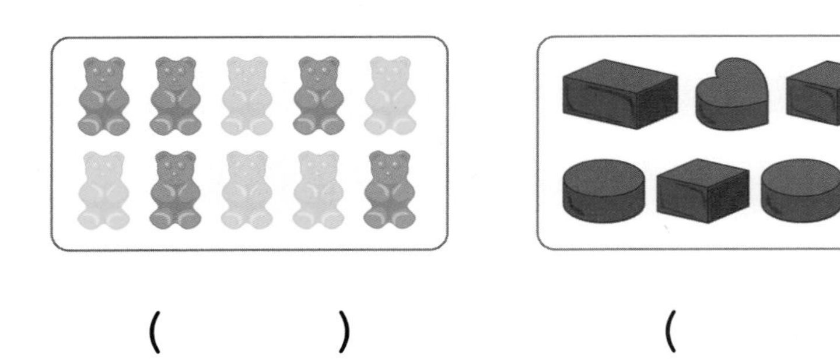

( ) ( )

여러 가지 붙임 딱지입니다. 물음에 답하세요.

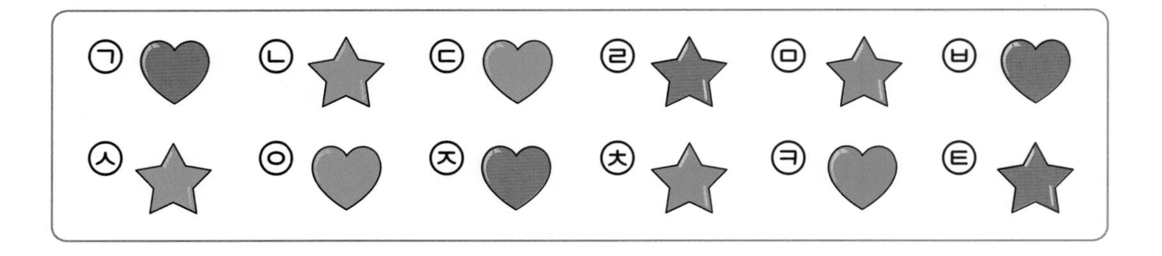

2 색깔에 따라 분류하여 빈칸에 알맞은 기호를 써 보세요.

빨간색	초록색

3 모양에 따라 분류하여 빈칸에 알맞은 기호를 써 보세요.

♡	☆

정답 16쪽

✦ 주원이네 창고에 있는 채소를 조사하였습니다. 물음에 답하세요.

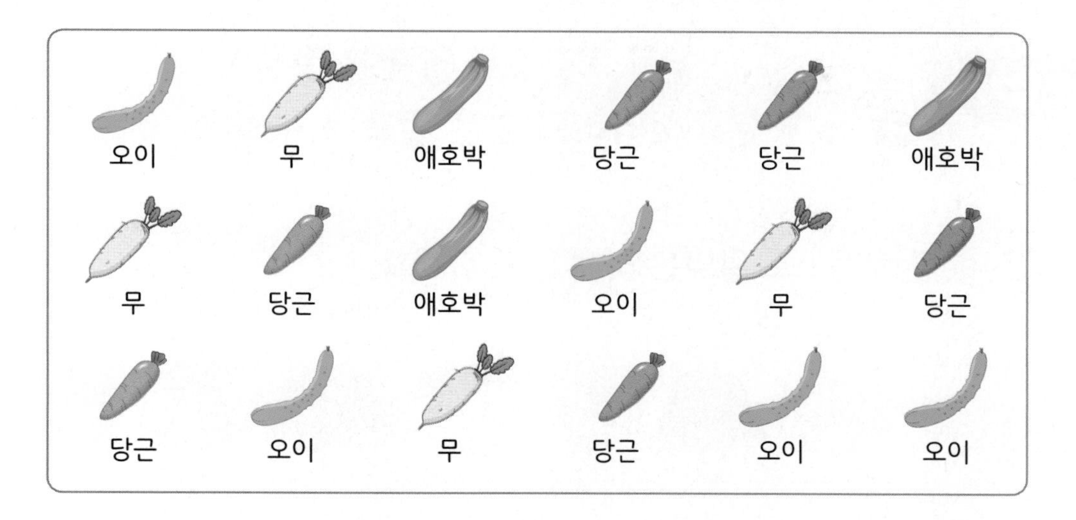

4 창고에 있는 채소의 종류를 모두 써 보세요.

(오이, 무, ☐, ☐)

5 창고에 있는 채소를 종류에 따라 분류하여 그 수를 세어 보세요.

종류	오이	무	애호박	당근
세면서 표시하기				
채소의 수(개)				

6 창고에 있는 채소를 색깔에 따라 분류하여 그 수를 세어 보세요.

색깔	흰색	주황색	초록색
세면서 표시하기			
채소의 수(개)			

15일 분류 기준 찾기

이것만 알자

분류 기준으로 알맞은 것은?

➔ 누가 분류하더라도 같은 결과가 나올 수 있는 기준 찾기

예 분류 기준으로 알맞은 것에 ○표 하세요.

편한 티셔츠와 불편한 티셔츠	반팔 티셔츠와 긴팔 티셔츠	나에게 어울리는 티셔츠와 어울리지 않는 티셔츠
( )	(○)	( )

편한 티셔츠와 불편한 티셔츠, 나에게 어울리는 티셔츠와 어울리지 않는 티셔츠는 분류 기준이 분명하지 않습니다.

● 분류하는 사람에 따라 다를 수 있습니다.

1 분류 기준으로 알맞은 것에 ○표 하세요.

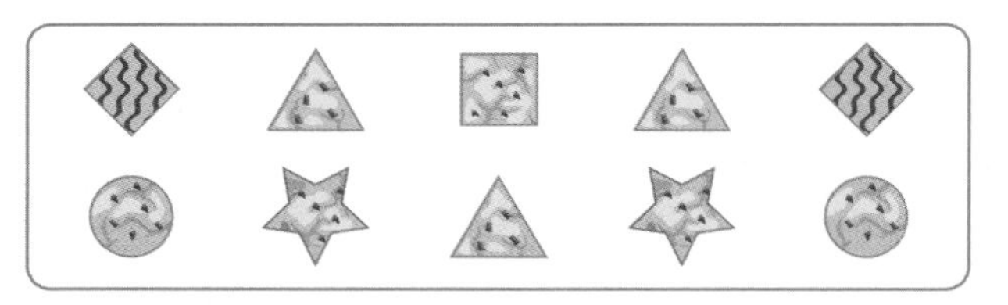

맛있는 과자와 맛없는 과자	과자의 모양	예쁜 과자와 예쁘지 않은 과자
( )	( )	( )

왼쪽 ①번과 같이 문제의 핵심 부분에 색칠하고,
문제를 풀어 보세요.

정답 16쪽

2 분류 기준으로 알맞은 것에 ○표 하세요.

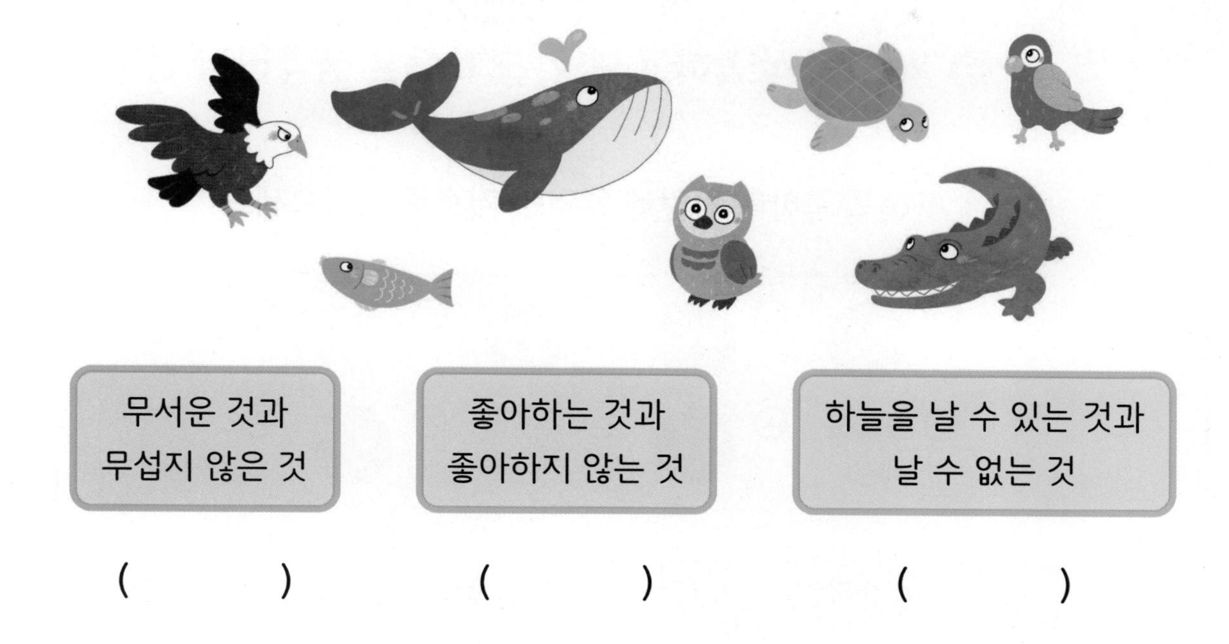

무서운 것과 무섭지 않은 것	좋아하는 것과 좋아하지 않는 것	하늘을 날 수 있는 것과 날 수 없는 것
( )	( )	( )

3 다음과 같이 분류하였습니다. 분류 기준을 써 보세요.

____

15일 기준에 따라 분류하기

이것만 알자

색깔에 따라 분류

➔ 색깔만 생각하고 모양, 크기 등은 생각하지 않기

예 색깔에 따라 분류하여 빈칸에 알맞은 기호를 써넣으세요.

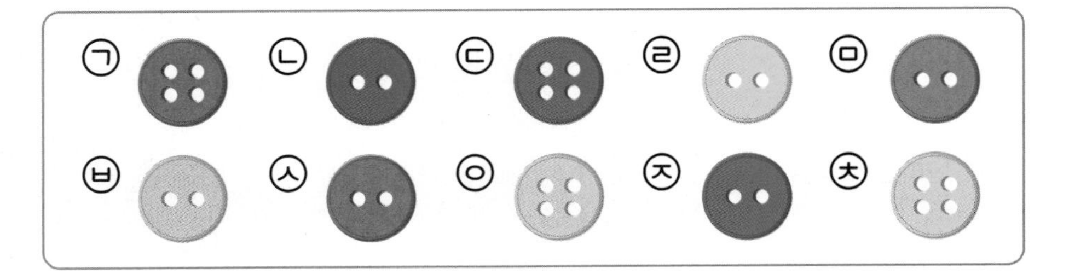

빨간색	파란색	노란색
㉠, ㉤, ㉦	㉡, ㉢, ㉨	㉣, ㉥, ㉧, ㉩

구멍의 수는 생각하지 않고 색깔에 따라 분류합니다.

1 모양에 따라 분류하여 빈칸에 알맞은 기호를 써넣으세요.

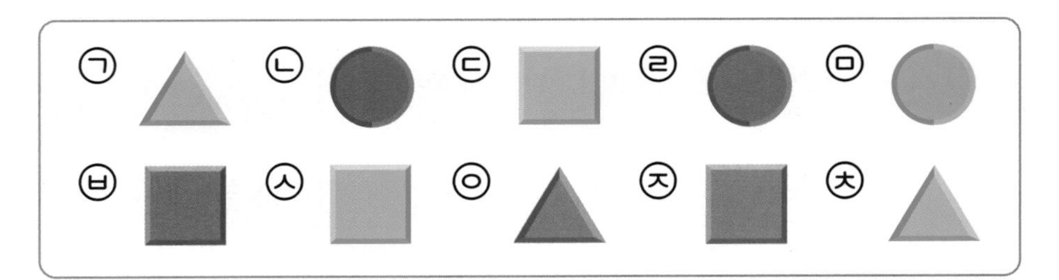

사각형	삼각형	원

왼쪽 1번과 같이 문제의 핵심 부분에 색칠하고,
문제를 풀어 보세요.

정답 17쪽

2 색깔에 따라 분류하여 빈칸에 알맞은 기호를 써넣으세요.

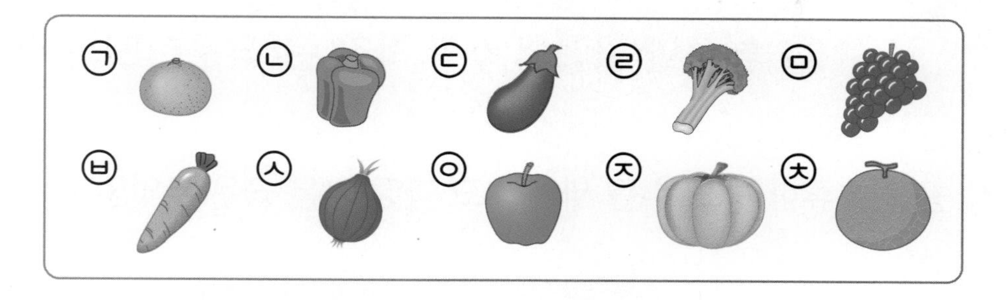

주황색	초록색	보라색

3 손잡이의 수에 따라 분류하여 빈칸에 알맞은 기호를 써넣으세요.

손잡이가 0개	손잡이가 1개	손잡이가 2개

16일 가장 많은(적은) 물건 찾기

이것만 알자

가장 많은(적은) 것은?
➔ 분류한 물건의 수가 가장 큰(작은) 것 찾기

예 공을 분류하여 그 수를 세어 보고 가장 많은 공은 무엇인지 써 보세요.

종류	축구공	농구공	배구공
세면서 표시하기	𝍸 |||	||||	𝍸 𝍸
공의 수(개)	8	4	10

10>8>4이므로 가장 많은 공은 배구공입니다.

답 배구공

1 채림이네 모둠 학생들이 좋아하는 동물을 분류하여 그 수를 세어 보고 가장 많은 학생들이 좋아하는 동물은 무엇인지 써 보세요.

동물	강아지	토끼	고양이
세면서 표시하기			
학생 수(명)			

(　　　　　　　　)

왼쪽 1번과 같이 문제의 핵심 부분에 색칠하고,
문제를 풀어 보세요.

정답 17쪽

2 세진이네 모둠 학생들이 좋아하는 계절을 분류하여 그 수를 세어 보고 가장 많은 학생들이 좋아하는 계절은 무엇인지 써 보세요.

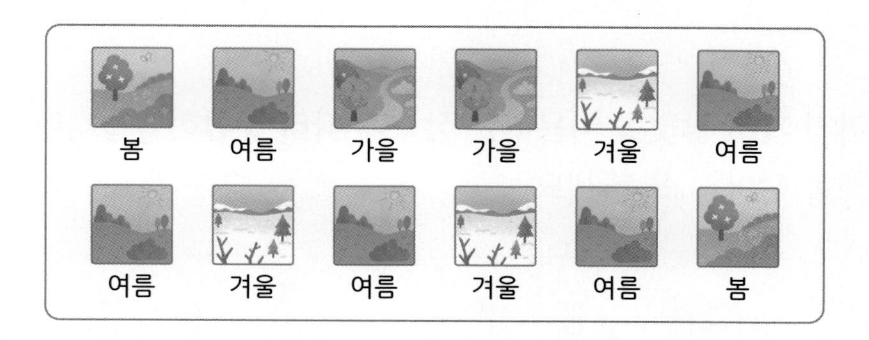

계절	봄	여름	가을	겨울
세면서 표시하기				
학생 수(명)				

( )

3 책상 위의 물건을 분류하여 그 수를 세어 보고 가장 적은 물건은 무엇인지 써 보세요.

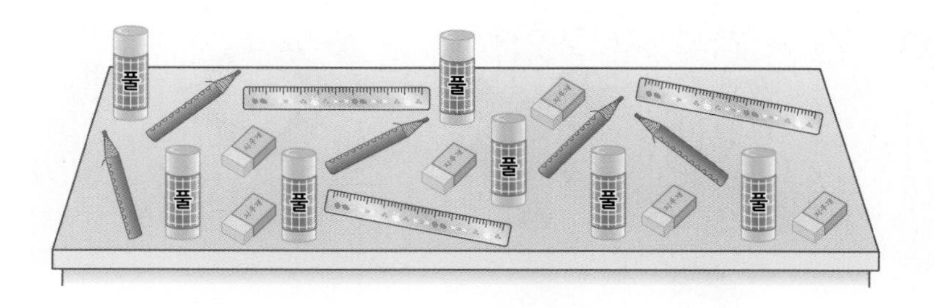

물건	자	지우개	색연필	풀
세면서 표시하기				
물건의 수(개)				

( )

16일 잘못 분류된 것 찾기

이것만 알자 잘못 분류된 것은? ➔ 분류 기준에 맞지 않는 것 찾기

예 여러 가지 탈것을 이용하는 장소에 따라 분류하였습니다. 잘못 분류된 것을 찾아 ◯표 하세요.

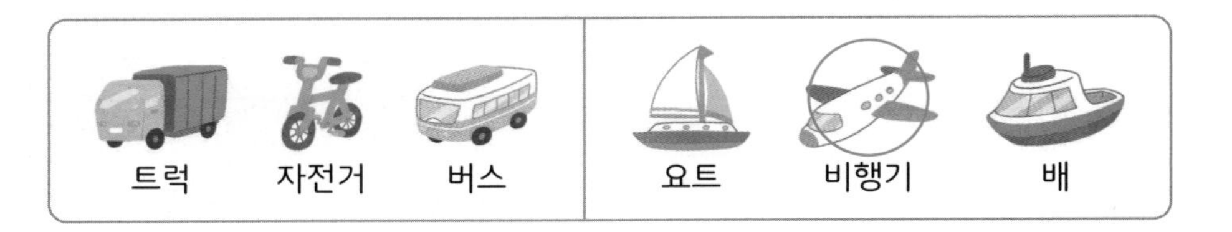

트럭, 자전거, 버스는 이용하는 장소가 땅이고,
요트, 배는 이용하는 장소가 물입니다.
따라서 잘못 분류된 것은 이용하는 장소가 하늘인 비행기입니다.

1 여러 가지 동물을 다리의 수에 따라 분류하였습니다. 잘못 분류된 것을 찾아 ◯표 하세요.

왼쪽 ①번과 같이 문제의 핵심 부분에 색칠하고,
문제를 풀어 보세요.

정답 18쪽

② 악기를 입으로 불 수 있는 것과 없는 것으로 분류하였습니다. 잘못 분류된 것을 찾아 ◯표 하세요.

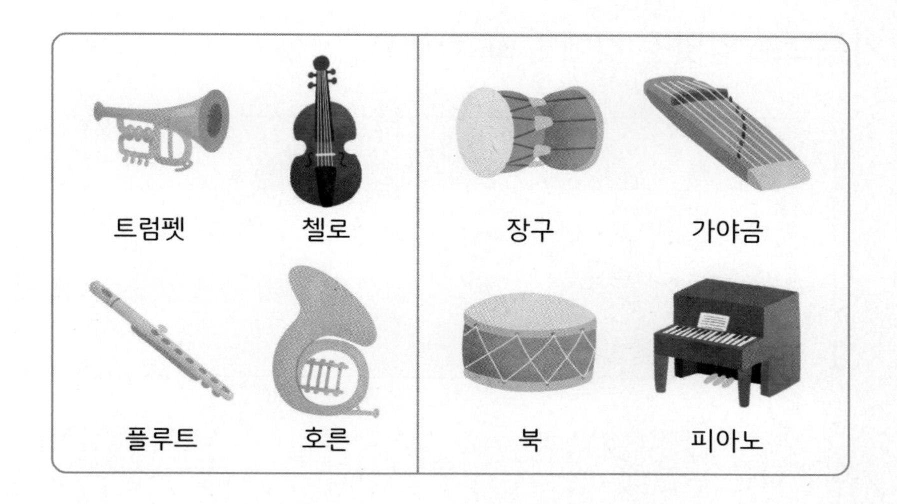

③ 여러 가지 그림 카드를 모양에 따라 분류하였습니다. 잘못 분류된 것을 찾아 ◯표 하세요.

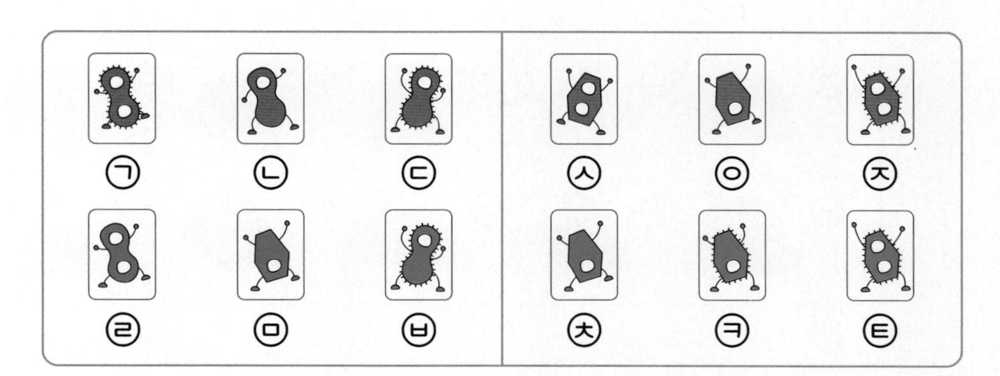

17일 마무리하기

76쪽

1 분류 기준으로 알맞은 것에 ○표 하세요.

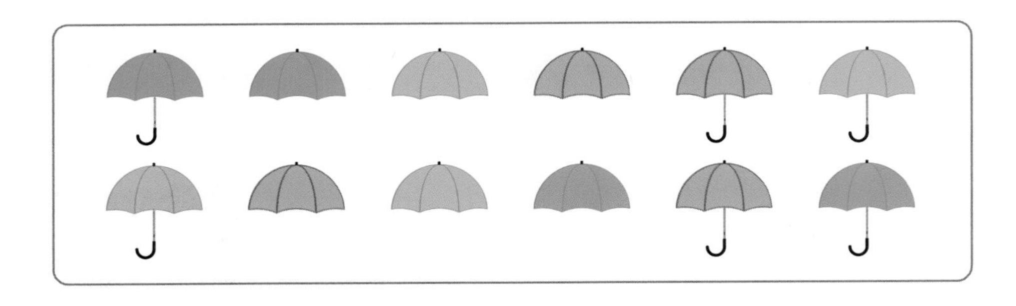

아름다운 우산과 아름답지 않은 우산	큰 우산과 작은 우산	손잡이가 있는 우산과 손잡이가 없는 우산
(　　)	(　　)	(　　)

78쪽

2 색깔에 따라 분류하여 빈칸에 알맞은 기호를 써넣으세요.

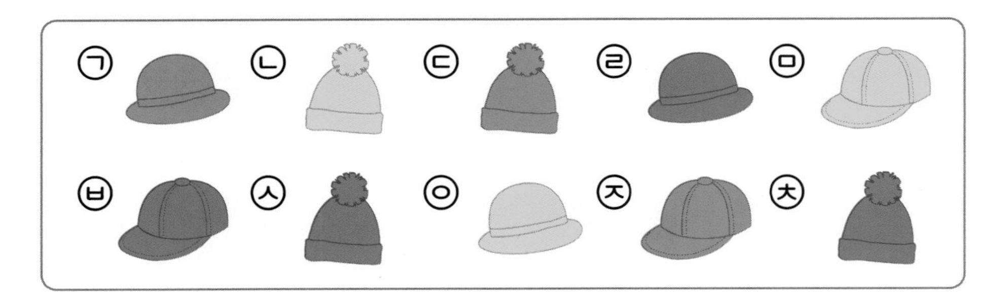

빨간색	노란색	파란색

정답 18쪽

82쪽

3 여러 가지 동물을 이동하는 방법에 따라 분류하였습니다. 잘못 분류된 것을 찾아 ○표 하세요.

4 80쪽 **도전 문제**

어느 해 5월의 날씨를 조사하였습니다. 가장 많은 날씨와 가장 적은 날씨의 날수의 차는 며칠일까요?

일	월	화	수	목	금	토
		1 (흐린 날)	2 (맑은 날)	3 (맑은 날)	4 (비 온 날)	5 (흐린 날)
6 (흐린 날)	7 (맑은 날)	8 (비 온 날)	9 (비 온 날)	10 (맑은 날)	11 (흐린 날)	12 (흐린 날)
13 (비 온 날)	14 (흐린 날)	15 (맑은 날)	16 (맑은 날)	17 (맑은 날)	18 (맑은 날)	19 (비 온 날)
20 (흐린 날)	21 (맑은 날)	22 (맑은 날)	23 (흐린 날)	24 (비 온 날)	25 (비 온 날)	26 (흐린 날)
27 (맑은 날)	28 (맑은 날)	29 (흐린 날)	30 (흐린 날)	31 (맑은 날)		

: 맑은 날 : 흐린 날 : 비 온 날

❶ 가장 많은 날씨의 날수 → (　　　　　　　)

❷ 가장 적은 날씨의 날수 → (　　　　　　　)

❸ 위 ❶과 ❷의 날수의 차 → (　　　　　　　)

6 곱셈

준비

기본 문제로
문장제 준비하기

18일차

- 곱셈식으로 나타내기
- 몇 배인지 구하기

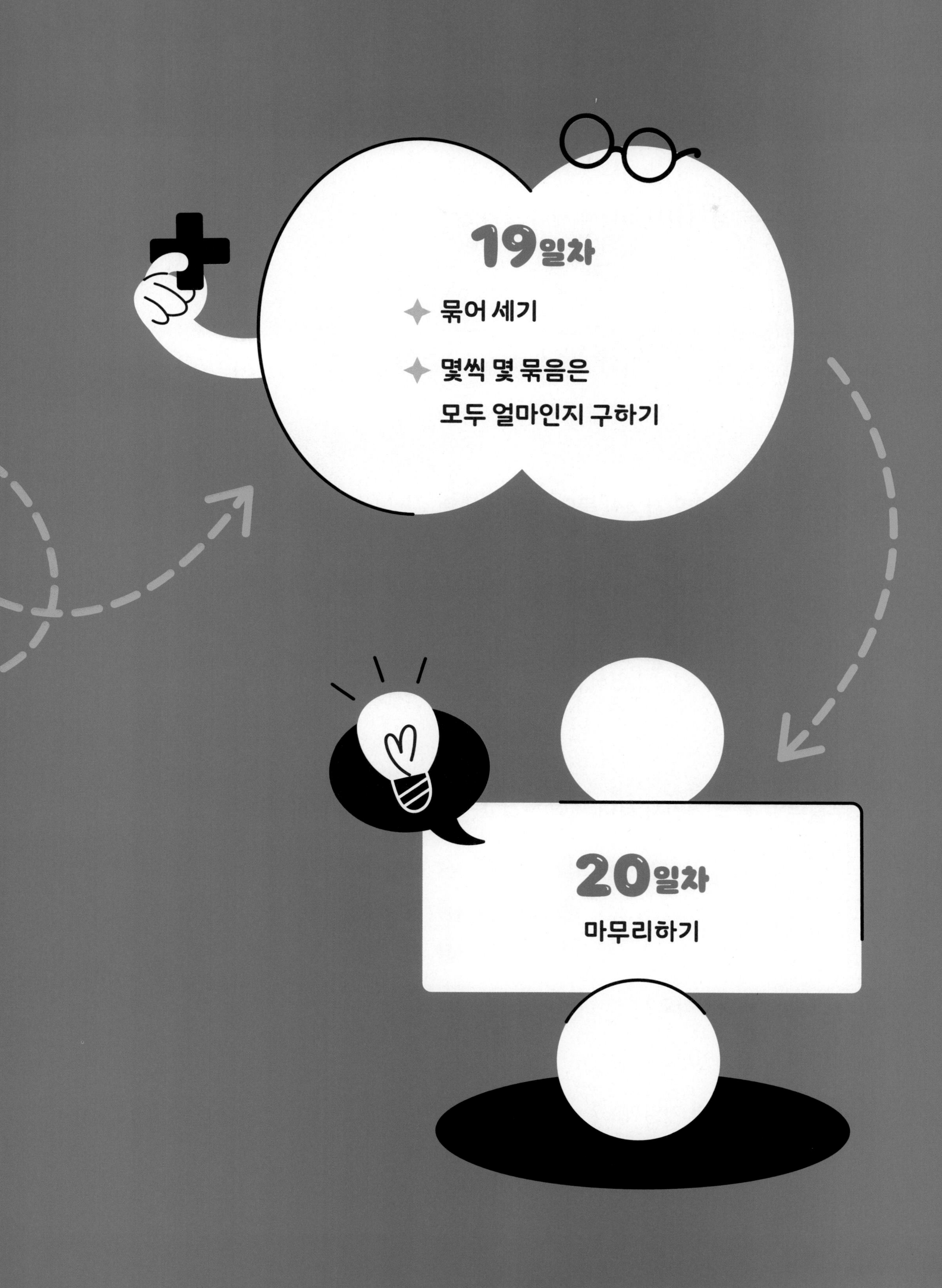
19일차
묶어 세기
몇씩 몇 묶음은
모두 얼마인지 구하기
20일차
마무리하기

준비 기본 문제로 문장제 준비하기

1 딸기는 모두 몇 개인지 하나씩 세어 보세요.

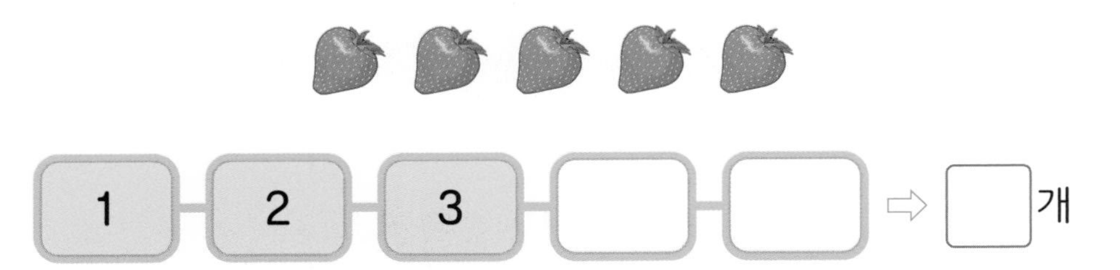

2 꽃은 모두 몇 송이인지 4씩 묶어 세어 보세요.

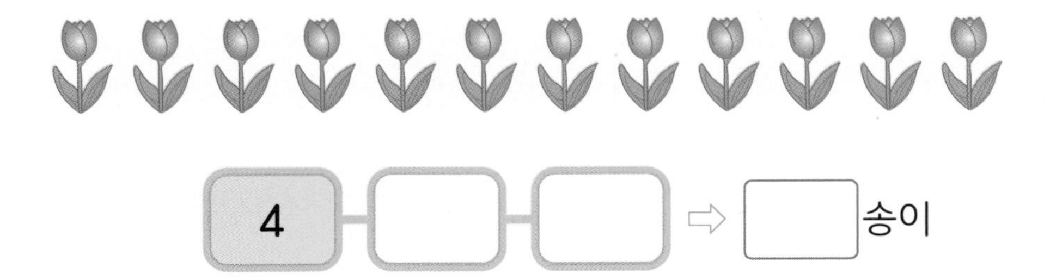

3 구슬은 모두 몇 개인지 묶어 세어 보려고 합니다. 물음에 답하세요.

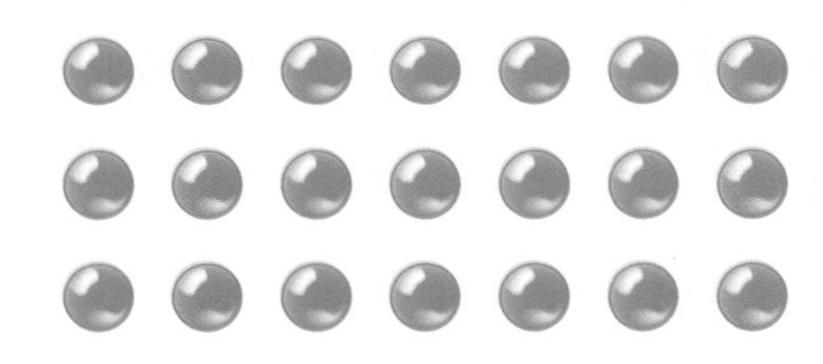

(1) 7씩 몇 묶음일까요? ( )

(2) 3씩 몇 묶음일까요? ( )

(3) 구슬은 모두 몇 개일까요? ( )

정답 19쪽

4 그림을 보고 □ 안에 알맞은 수를 써넣으세요.

(1) 2씩 4묶음은 □입니다.

(2) 2씩 4묶음은 2의 □배입니다.

(3) 2의 □배는 □입니다.

5 □ 안에 알맞은 수를 써넣으세요.

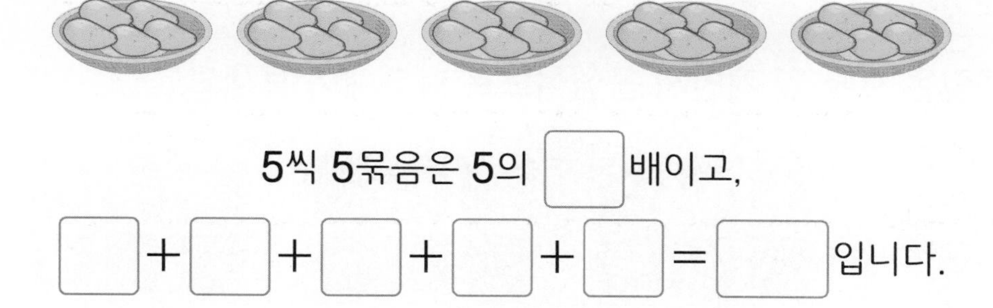

5씩 5묶음은 5의 □배이고,

□ + □ + □ + □ + □ = □입니다.

6 다음을 곱셈식으로 나타내어 보세요.

7의 6배는 42입니다.

( )

18일 곱셈식으로 나타내기

이것만 알자 4씩 5묶음, 4의 5배 ➔ 4×5

예 연필은 모두 몇 자루인지 곱셈식으로 나타내어 보세요.

4씩 5묶음 ⇨ $4\times5=$ 20

연필꽂이 한 개에 연필이 4자루씩 꽂혀 있습니다.
4씩 5묶음 ⇨ 4의 5배 ⇨ $4\times5=20$

1 초콜릿은 모두 몇 개인지 곱셈식으로 나타내어 보세요.

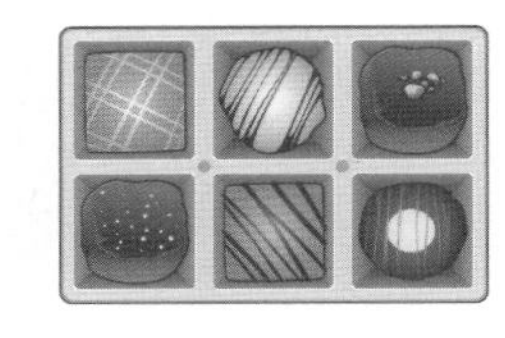

6씩 3묶음 ⇨ $6\times3=$ □

2 사탕은 모두 몇 개인지 곱셈식으로 나타내어 보세요.

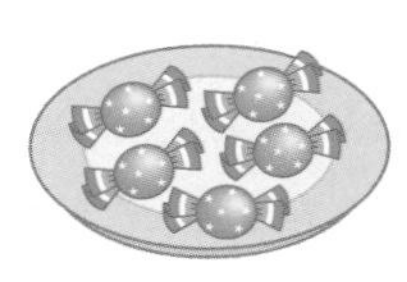
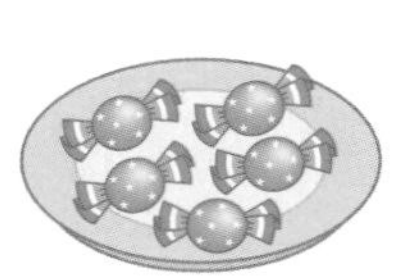
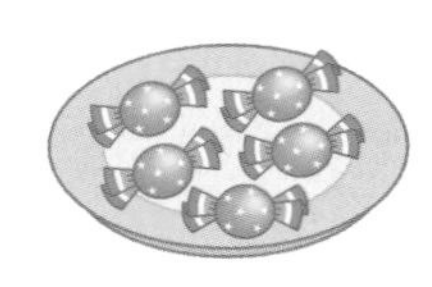
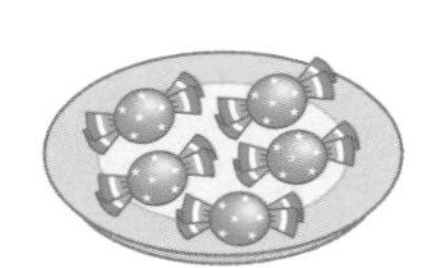

5의 4배 ⇨ □ × □ = □

왼쪽 ①, ②번과 같이 문제의 핵심 부분에 색칠하고,
문제를 풀어 보세요.

정답 19쪽

③ 자전거의 바퀴는 모두 몇 개인지 곱셈식으로 나타내어 보세요.

3의 5배 ⇨ ☐ × ☐ = ☐

④ 풍선은 모두 몇 개인지 곱셈식으로 나타내어 보세요.

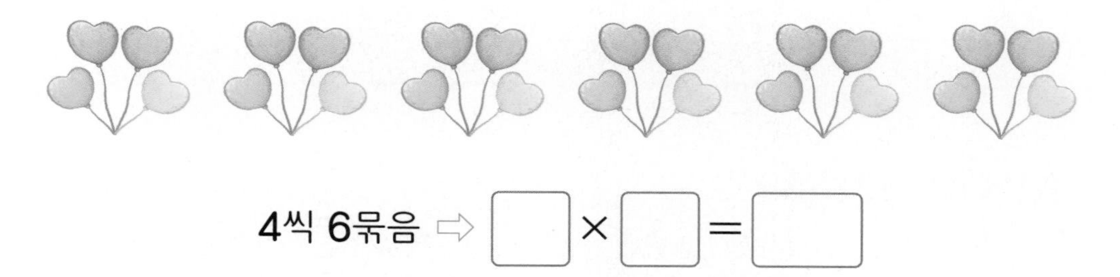

4씩 6묶음 ⇨ ☐ × ☐ = ☐

⑤ 사과는 모두 몇 개인지 곱셈식으로 나타내어 보세요.

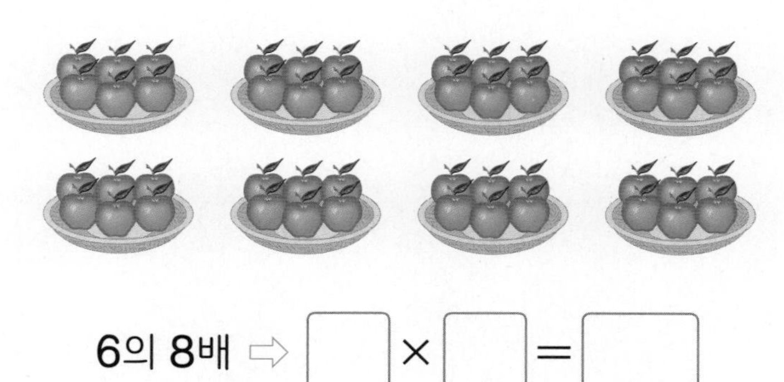

6의 8배 ⇨ ☐ × ☐ = ☐

18일 몇 배인지 구하기

이것만 알자

32는 4의 몇 배
➔ 32는 4씩 몇 묶음인지 구하기

예 32는 4의 몇 배일까요?

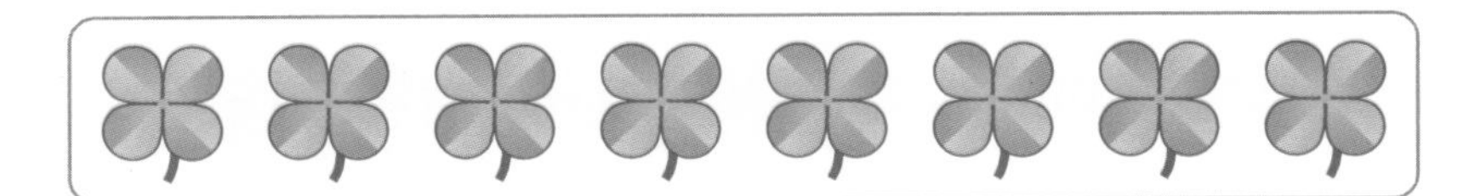

4씩 8묶음은 32입니다. ⇨ 32는 4의 8배입니다.

답 8배

1 15는 3의 몇 배일까요?

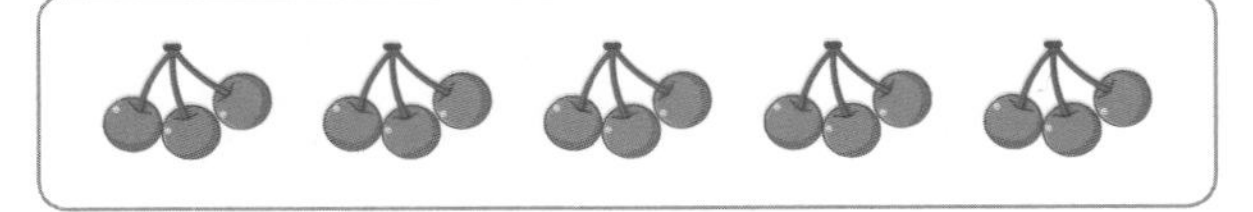

(배)

2 35는 5의 몇 배일까요?

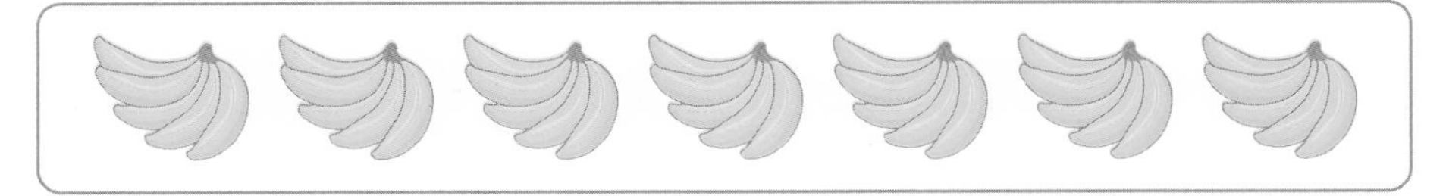

(배)

왼쪽 ①, ②번과 같이 문제의 핵심 부분에 색칠하고,
문제를 풀어 보세요.

정답 20쪽

③ 48은 8의 몇 배일까요?

( )

④ 복숭아의 수는 배의 수의 몇 배일까요?

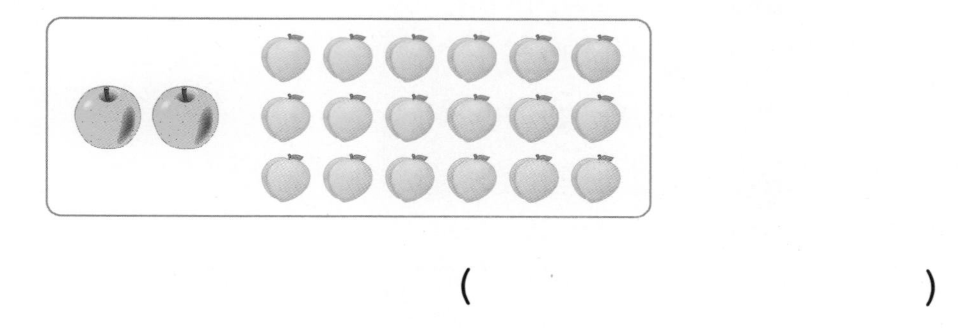

( )

⑤ 야구공의 수는 농구공의 수의 몇 배일까요?

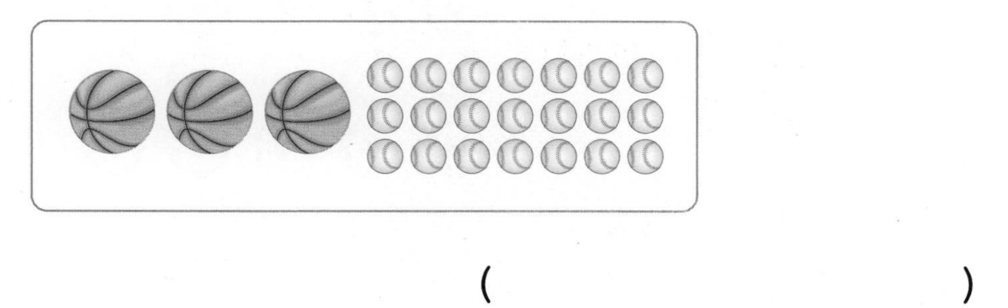

( )

19일 묶어 세기

이것만 알자

묶어 세어 ➔ 묶고 남는 것이 없도록 한 묶음에 몇 개씩 묶을지 정하기

예 우표는 모두 몇 장인지 묶어 세어 보세요.

4씩 묶으면 3묶음입니다.

⇨ 4 - 8 - 12이므로
우표는 모두 12장입니다.

답 12장

2, 3, 6씩 묶어 셀 수도 있어요.

1 축구공은 모두 몇 개인지 묶어 세어 보세요.

(개)

왼쪽 ❶번과 같이 문제의 핵심 부분에 색칠하고,
문제를 풀어 보세요.

정답 20쪽

② 고양이는 모두 몇 마리인지 묶어 세어 보세요.

( )

③ 배추는 모두 몇 포기인지 묶어 세어 보세요.

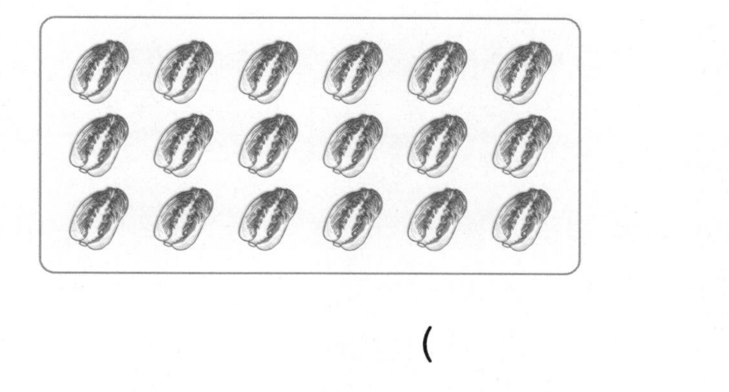

( )

④ 자동차는 모두 몇 대인지 묶어 세어 보세요.

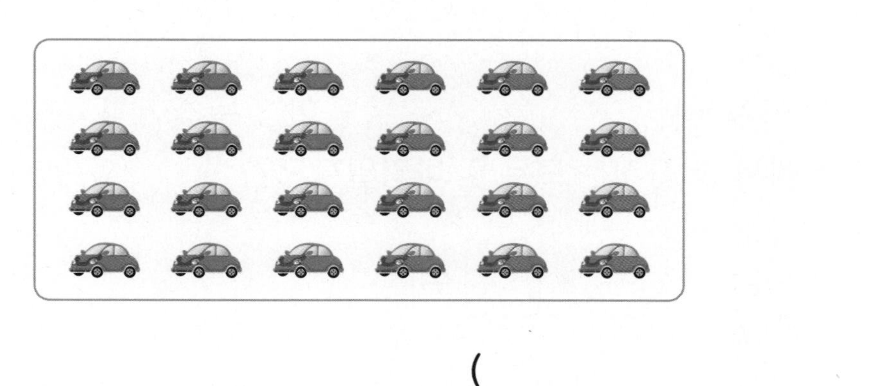

( )

19일 몇씩 몇 묶음은 모두 얼마인지 구하기

이것만 알자 한 묶음에 3씩 5묶음은 모두 몇 개 ➔ 3×5

예 어머니께서 한 상자에 3개씩 들어 있는 망고를 5상자 사 오셨습니다. 어머니께서 사 오신 망고는 모두 몇 개일까요?

한 상자에 3개씩 5상자는 3의 5배입니다.
(어머니께서 사 오신 망고의 수)
= (한 상자에 들어 있는 망고의 수) × (상자의 수)

식 $3 \times 5 = 15$ 답 15개

1 수형이는 책을 책꽂이 한 칸에 7권씩 5칸에 꽂았습니다. 수형이가 꽂은 책은 모두 몇 권일까요?

식 $7 \times 5 = \square$ 답 □권

한 칸에 꽂은 책의 수 (7), 칸의 수 (5)

2 생선 가게에서 한 상자에 4마리씩 들어 있는 꽃게를 4상자 팔았습니다. 생선 가게에서 판 꽃게는 모두 몇 마리일까요?

식 $\square \times \square = \square$ 답 □마리

왼쪽 ①, ②번과 같이 문제의 핵심 부분에 색칠하고,
계산해야 하는 두 수에 밑줄을 그어 문제를 풀어 보세요.

정답 21쪽

③ 아버지께서 배추를 한 바구니에 8포기씩 4바구니에 담았습니다. 아버지께서 담은 배추는 모두 몇 포기일까요?

식 ______________________ 답 ______________

④ 어머니께서 한 상자에 6병씩 들어 있는 음료수를 7상자 사 오셨습니다. 어머니께서 사 오신 음료수는 모두 몇 병일까요?

식 ______________________ 답 ______________

⑤ 현소는 수박을 한 상자에 2통씩 담아 6상자를 포장했습니다. 현소가 포장한 수박은 모두 몇 통일까요?

식 ______________________

답 ______________

20일 마무리하기

90쪽

1 꽃은 모두 몇 송이인지 곱셈식으로 나타내어 보세요.

5씩 5묶음 ⇨ □ × □ = □

90쪽

2 트럭의 바퀴는 모두 몇 개인지 곱셈식으로 나타내어 보세요.

4의 7배 ⇨ □ × □ = □

92쪽

3 사탕의 수는 도넛의 수의 몇 배일까요?

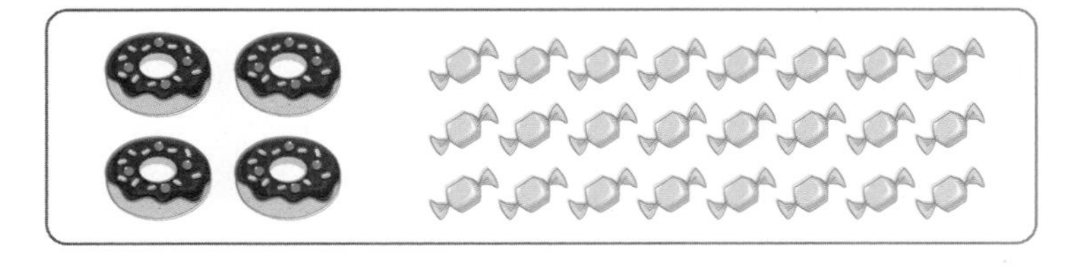

( )

정답 21쪽

94쪽

4 식빵은 모두 몇 개인지 묶어 세어 보세요.

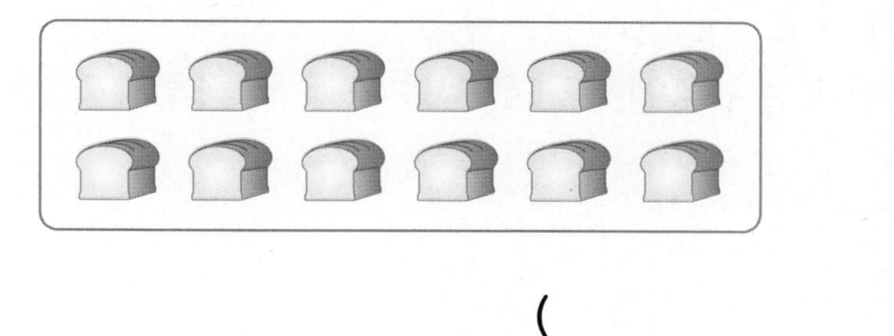

( )

96쪽

5 과일 가게에서 한 상자에 4송이씩 들어 있는 포도를 9상자 팔았습니다. 과일 가게에서 판 포도는 모두 몇 송이일까요?

( )

6 96쪽

도전 문제

민준이는 한 묶음에 3권인 공책을 4묶음 사고, 은지는 한 묶음에 9권인 공책을 5묶음 샀습니다. 민준이와 은지가 산 공책은 모두 몇 권일까요?

❶ 민준이가 산 공책의 수 → ( )

❷ 은지가 산 공책의 수 → ( )

❸ 위 ❶과 ❷의 공책의 수의 합 → ( )

1회 실력 평가

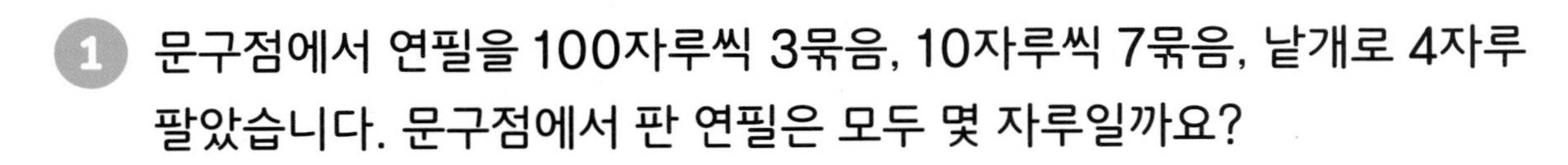

1 문구점에서 연필을 100자루씩 3묶음, 10자루씩 7묶음, 낱개로 4자루 팔았습니다. 문구점에서 판 연필은 모두 몇 자루일까요?

( )

2 쌓기나무 5개로 만든 모양을 모두 찾아 ○표 하세요.

( )

( )

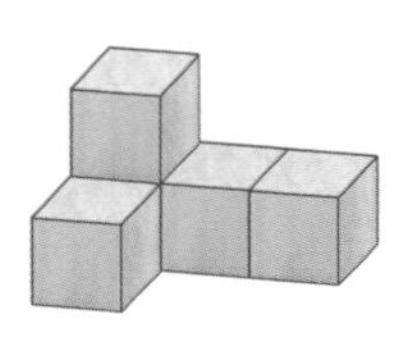

( )

3 남학생 18명, 여학생 16명이 박물관에 갔습니다. 박물관에 간 학생은 모두 몇 명일까요?

( )

4 정우와 미애는 약 5 cm를 어림하여 아래와 같이 종이를 잘랐습니다. 5 cm에 더 가깝게 어림한 사람은 누구일까요?

정우

미애

( )

정답 22쪽

5 어머니께서 한 상자에 8개씩 들어 있는 참외를 3상자 사 오셨습니다. 어머니께서 사 오신 참외는 모두 몇 개일까요?

( )

6 책상 위의 물건을 분류하여 그 수를 세어 보고 가장 많은 물건은 무엇인지 써 보세요.

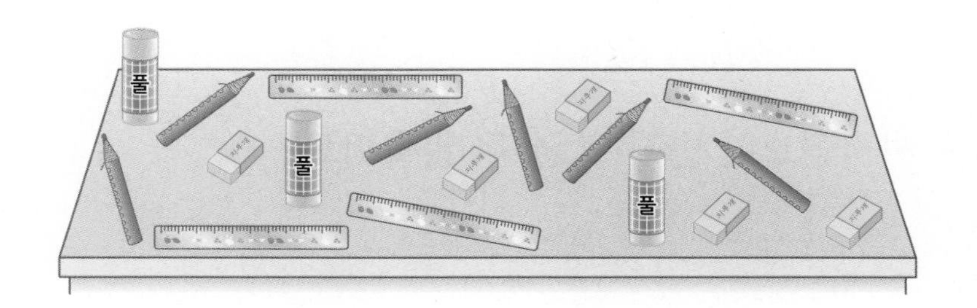

물건	자	지우개	색연필	풀
세면서 표시하기				
물건의 수(개)				

( )

7 수 카드를 한 번씩만 사용하여 가장 큰 세 자리 수를 만들어 보세요.

( )

2회 실력 평가

1 경환이는 300원이 들어 있던 저금통에 오늘부터 매일 100원씩 5일 동안 저금하였습니다. 경환이가 저금한 후 저금통에 들어 있는 돈은 모두 얼마일까요?

( )

2 오각형은 사각형보다 변이 몇 개 더 많을까요?

( )

3 이모의 나이는 30살이고, 혜원이의 나이는 이모보다 21살 더 적습니다. 혜원이의 나이는 몇 살일까요?

( )

4 어떤 수에서 7을 뺐더니 53이 되었습니다. 어떤 수를 구해 보세요.

( )

정답 22쪽

5 구멍의 수에 따라 분류하여 빈칸에 알맞은 기호를 써넣으세요.

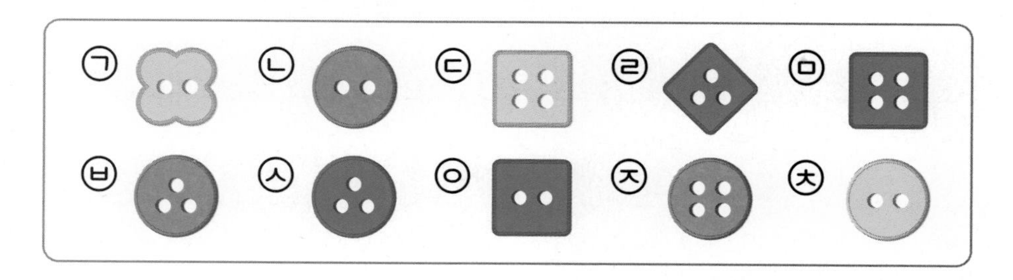

구멍이 2개	구멍이 3개	구멍이 4개

6 부러진 자를 이용하여 머리빗의 길이를 재려고 합니다. 머리빗의 길이는 몇 cm일까요?

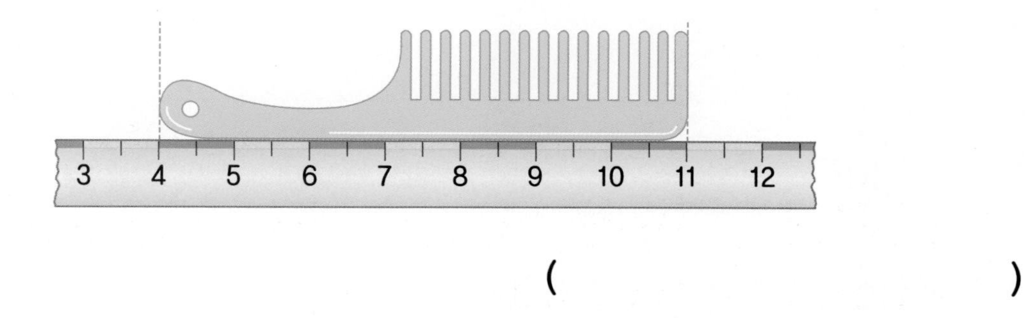

( )

7 농구공은 모두 몇 개인지 묶어 세어 보세요.

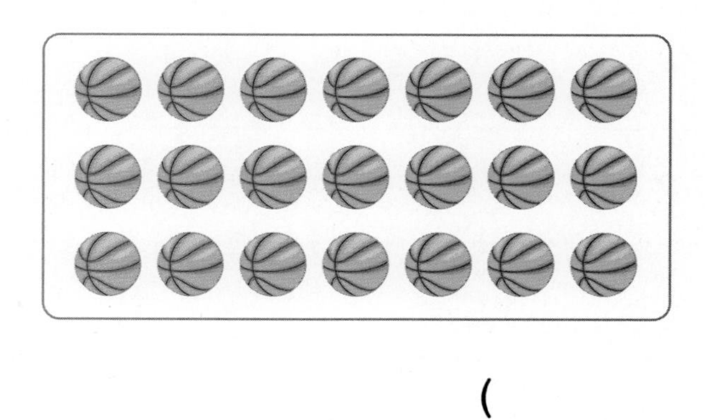

( )

MEMO

2A

2학년 • 기본

교과서 문해력
수학 문장제

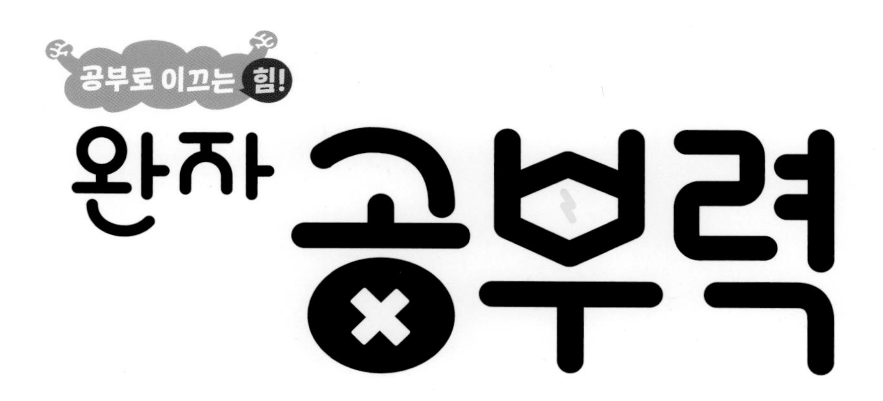

정답과 해설

정답과 해설
QR코드

 **책 속의 가접 별책** (특허 제 0557442호)

'정답과 해설'은 진도책에서 쉽게 분리할 수 있도록 제작되었으므로
유통 과정에서 분리될 수 있으나 파본이 아닌 정상 제품입니다.

visang

우리는 남다른 상상과 혁신으로
교육 문화의 새로운 전형을 만들어
모든 이의 행복한 경험과 성장에 기여한다

ABOVE IMAGINATION

우리는 남다른 상상과 혁신으로
교육 문화의 새로운 전형을 만들어
모든 이의 행복한 경험과 성장에 기여한다

완자 공부력

교과서 문해력
수학 문장제 기본 2A

< 정답과 해설 >

1 세 자리 수

10-11쪽

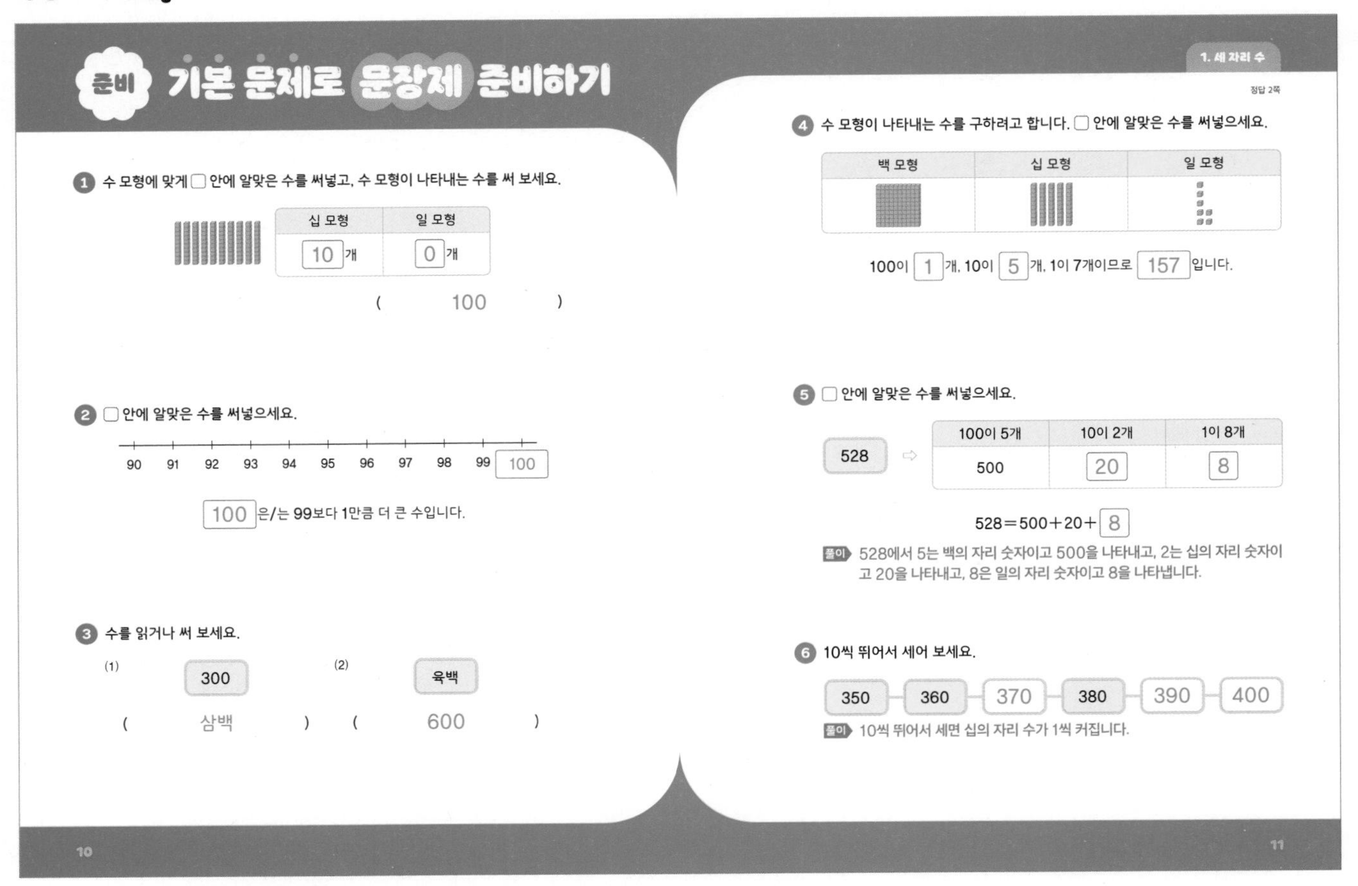

준비 기본 문제로 문장제 준비하기

1. 세 자리 수

정답 2쪽

1 수 모형에 맞게 □ 안에 알맞은 수를 써넣고, 수 모형이 나타내는 수를 써 보세요.

십 모형	일 모형
10 개	0 개

(100)

2 □ 안에 알맞은 수를 써넣으세요.

90 91 92 93 94 95 96 97 98 99 100

100 은/는 99보다 1만큼 더 큰 수입니다.

3 수를 읽거나 써 보세요.

(1) 300 (삼백) (2) 육백 (600)

4 수 모형이 나타내는 수를 구하려고 합니다. □ 안에 알맞은 수를 써넣으세요.

백 모형	십 모형	일 모형

100이 1 개, 10이 5 개, 1이 7개이므로 157 입니다.

5 □ 안에 알맞은 수를 써넣으세요.

528 ⇨

100이 5개	10이 2개	1이 8개
500	20	8

528=500+20+8

풀이 528에서 5는 백의 자리 숫자이고 500을 나타내고, 2는 십의 자리 숫자이고 20을 나타내고, 8은 일의 자리 숫자이고 8을 나타냅니다.

6 10씩 뛰어서 세어 보세요.

350 – 360 – 370 – 380 – 390 – 400

풀이 10씩 뛰어서 세면 십의 자리 수가 1씩 커집니다.

10 11

12-13쪽

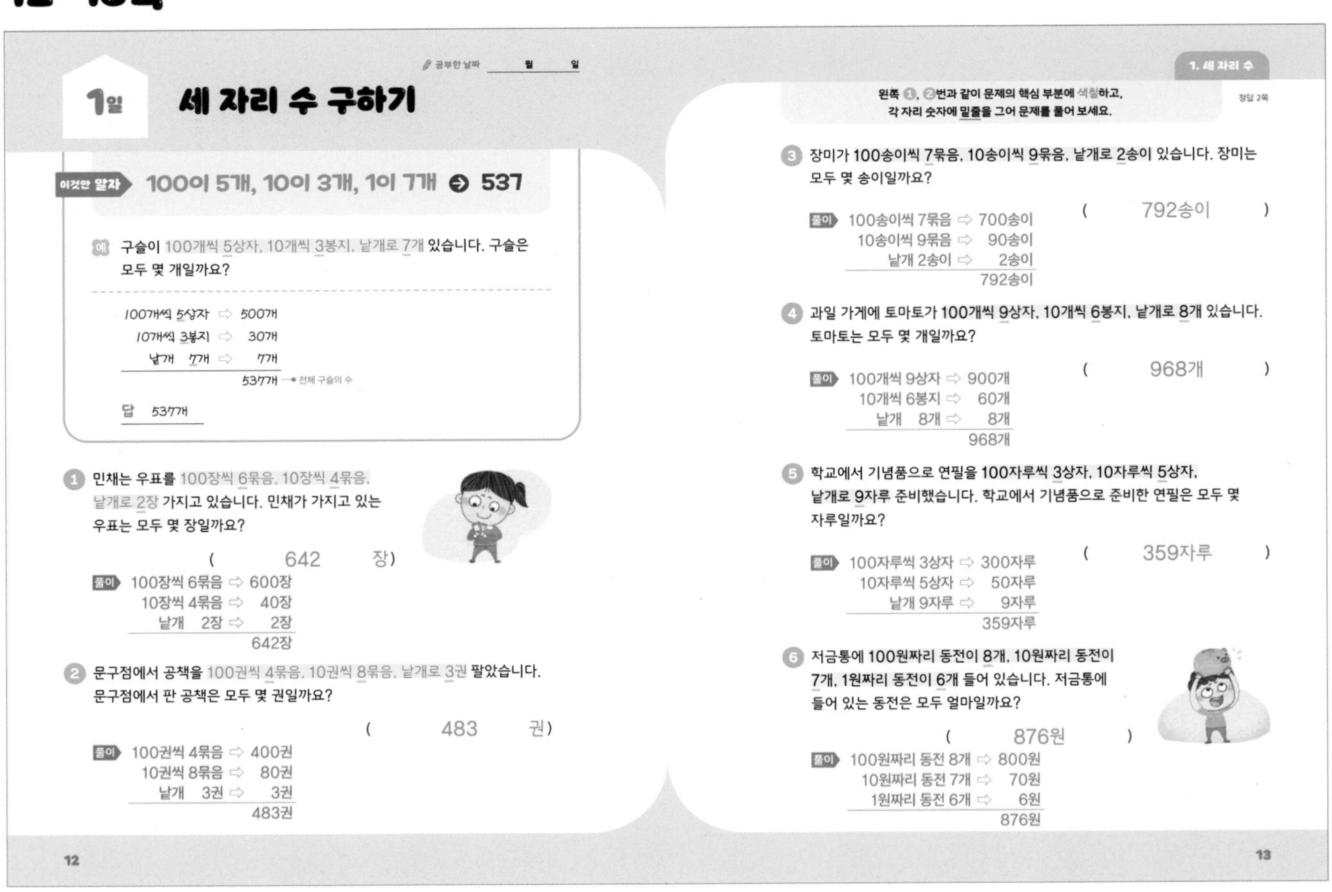

공부한 날짜 월 일

1일 세 자리 수 구하기

1. 세 자리 수

정답 2쪽

이것만 알자 100이 5개, 10이 3개, 1이 7개 ➔ 537

예 구슬이 100개씩 5상자, 10개씩 3봉지, 낱개로 7개 있습니다. 구슬은 모두 몇 개일까요?

100개씩 5상자 ⇨ 500개
10개씩 3봉지 ⇨ 30개
낱개 7개 ⇨ 7개
537개 → 전체 구슬의 수

답 537개

1 민채는 우표를 100장씩 6묶음, 10장씩 4묶음, 낱개로 2장 가지고 있습니다. 민채가 가지고 있는 우표는 모두 몇 장일까요?

(642 장)

풀이 100장씩 6묶음 ⇨ 600장
10장씩 4묶음 ⇨ 40장
낱개 2장 ⇨ 2장
642장

2 문구점에서 공책을 100권씩 4묶음, 10권씩 8묶음, 낱개로 3권 팔았습니다. 문구점에서 판 공책은 모두 몇 권일까요?

(483 권)

풀이 100권씩 4묶음 ⇨ 400권
10권씩 8묶음 ⇨ 80권
낱개 3권 ⇨ 3권
483권

왼쪽 1, 2번과 같이 문제의 핵심 부분에 색칠하고, 각 자리 숫자에 밑줄을 그어 문제를 풀어 보세요.

3 장미가 100송이씩 7묶음, 10송이씩 9묶음, 낱개로 2송이 있습니다. 장미는 모두 몇 송이일까요?

(792송이)

풀이 100송이씩 7묶음 ⇨ 700송이
10송이씩 9묶음 ⇨ 90송이
낱개 2송이 ⇨ 2송이
792송이

4 과일 가게에 토마토가 100개씩 9상자, 10개씩 6봉지, 낱개로 8개 있습니다. 토마토는 모두 몇 개일까요?

(968개)

풀이 100개씩 9상자 ⇨ 900개
10개씩 6봉지 ⇨ 60개
낱개 8개 ⇨ 8개
968개

5 학교에서 기념품으로 연필을 100자루씩 3상자, 10자루씩 5상자, 낱개로 9자루 준비했습니다. 학교에서 기념품으로 준비한 연필은 모두 몇 자루일까요?

(359자루)

풀이 100자루씩 3상자 ⇨ 300자루
10자루씩 5상자 ⇨ 50자루
낱개 9자루 ⇨ 9자루
359자루

6 저금통에 100원짜리 동전이 8개, 10원짜리 동전이 7개, 1원짜리 동전이 6개 들어 있습니다. 저금통에 들어 있는 동전은 모두 얼마일까요?

(876원)

풀이 100원짜리 동전 8개 ⇨ 800원
10원짜리 동전 7개 ⇨ 70원
1원짜리 동전 6개 ⇨ 6원
876원

12 13

14-15쪽

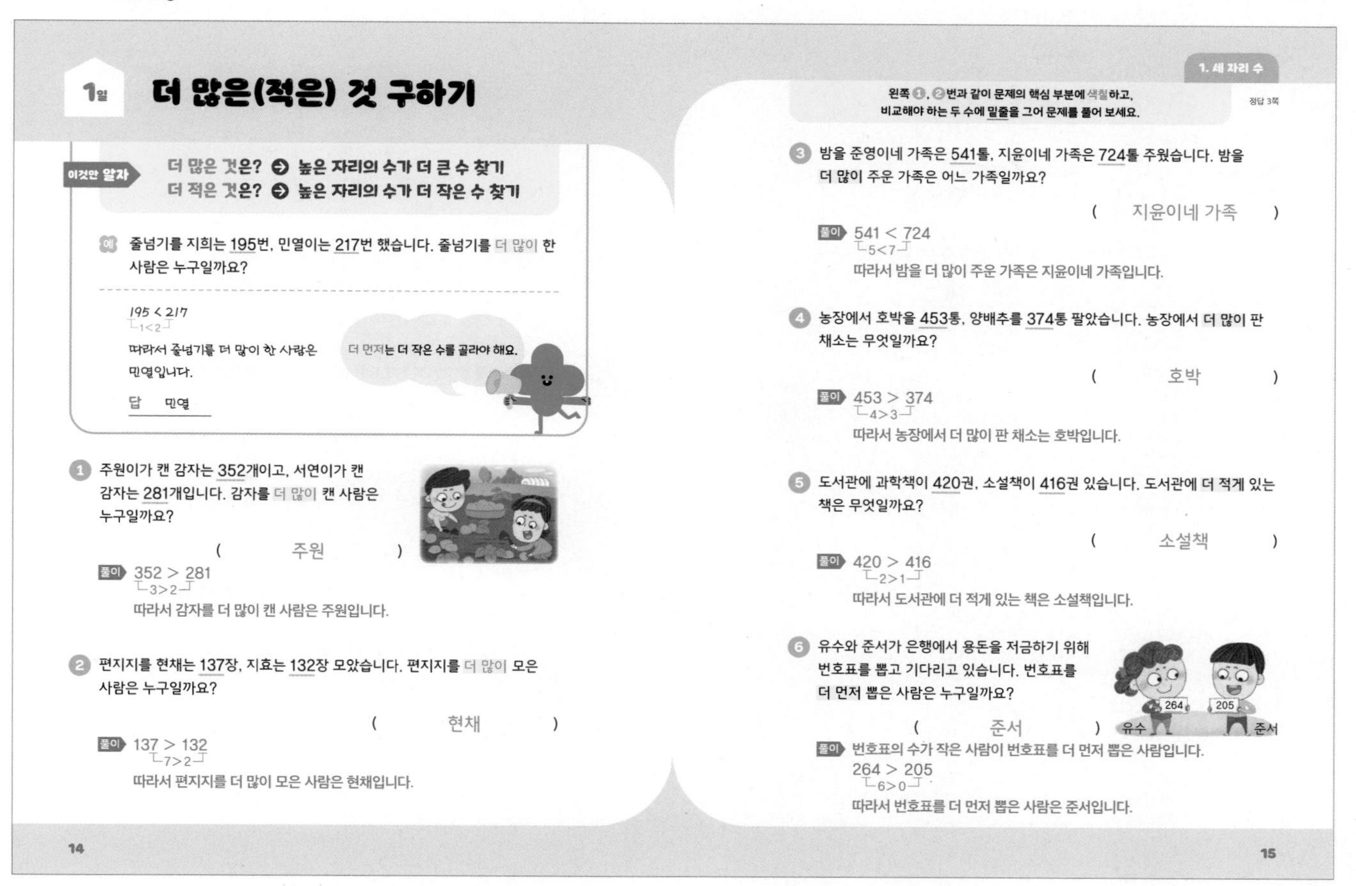

1. 세 자리 수

1일 더 많은(적은) 것 구하기

이것만 알자 더 많은 것은? ➔ 높은 자리의 수가 더 큰 수 찾기
더 적은 것은? ➔ 높은 자리의 수가 더 작은 수 찾기

예 줄넘기를 지희는 195번, 민열이는 217번 했습니다. 줄넘기를 더 많이 한 사람은 누구일까요?

195 < 217
(1<2)

따라서 줄넘기를 더 많이 한 사람은 민열입니다.

답 민열

더 먼저는 더 작은 수를 골라야 해요.

1 주원이가 캔 감자는 352개이고, 서연이가 캔 감자는 281개입니다. 감자를 더 많이 캔 사람은 누구일까요?

(주원)

풀이 352 > 281
(3>2)
따라서 감자를 더 많이 캔 사람은 주원입니다.

2 편지지를 현채는 137장, 지효는 132장 모았습니다. 편지지를 더 많이 모은 사람은 누구일까요?

(현채)

풀이 137 > 132
(7>2)
따라서 편지지를 더 많이 모은 사람은 현채입니다.

왼쪽 1, 2번과 같이 문제의 핵심 부분에 색칠하고, 비교해야 하는 두 수에 밑줄을 그어 문제를 풀어 보세요.

정답 3쪽

3 밤을 준영이네 가족은 541톨, 지윤이네 가족은 724톨 주웠습니다. 밤을 더 많이 주운 가족은 어느 가족일까요?

(지윤이네 가족)

풀이 541 < 724
(5<7)
따라서 밤을 더 많이 주운 가족은 지윤이네 가족입니다.

4 농장에서 호박을 453통, 양배추를 374통 팔았습니다. 농장에서 더 많이 판 채소는 무엇일까요?

(호박)

풀이 453 > 374
(4>3)
따라서 농장에서 더 많이 판 채소는 호박입니다.

5 도서관에 과학책이 420권, 소설책이 416권 있습니다. 도서관에 더 적게 있는 책은 무엇일까요?

(소설책)

풀이 420 > 416
(2>1)
따라서 도서관에 더 적게 있는 책은 소설책입니다.

6 유수와 준서가 은행에서 용돈을 저금하기 위해 번호표를 뽑고 기다리고 있습니다. 번호표를 더 먼저 뽑은 사람은 누구일까요?

264 205 유수 준서

(준서)

풀이 번호표의 수가 작은 사람이 번호표를 더 먼저 뽑은 사람입니다.
264 > 205
(6>0)
따라서 번호표를 더 먼저 뽑은 사람은 준서입니다.

14 15

16-17쪽

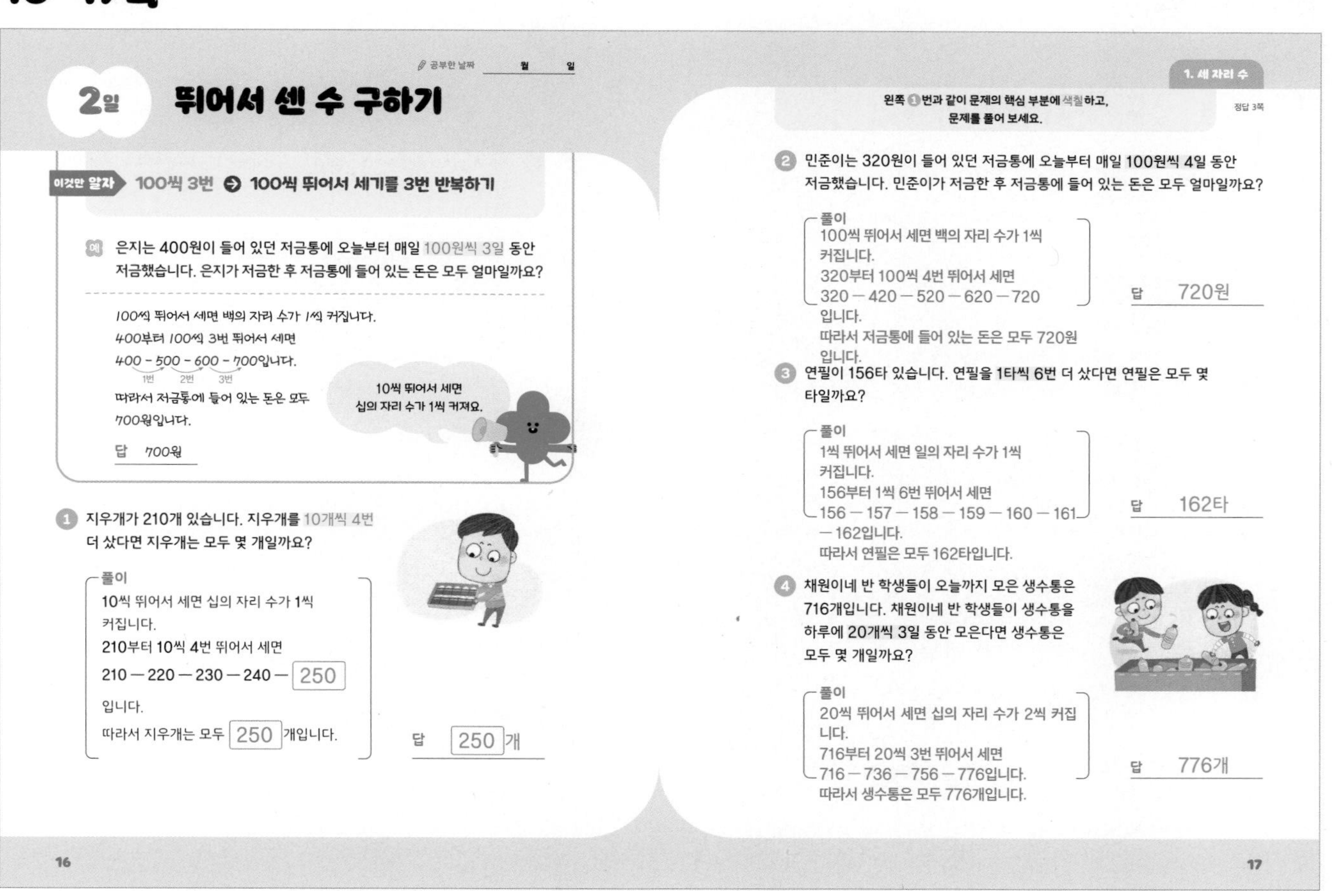

공부한 날짜 월 일

1. 세 자리 수

2일 뛰어서 센 수 구하기

이것만 알자 100씩 3번 ➔ 100씩 뛰어서 세기를 3번 반복하기

예 은지는 400원이 들어 있던 저금통에 오늘부터 매일 100원씩 3일 동안 저금했습니다. 은지가 저금한 후 저금통에 들어 있는 돈은 모두 얼마일까요?

100씩 뛰어서 세면 백의 자리 수가 1씩 커집니다.
400부터 100씩 3번 뛰어서 세면
400 - 500 - 600 - 700입니다.
(1번 2번 3번)
따라서 저금통에 들어 있는 돈은 모두 700원입니다.

답 700원

10씩 뛰어서 세면 십의 자리 수가 1씩 커져요.

1 지우개가 210개 있습니다. 지우개를 10개씩 4번 더 샀다면 지우개는 모두 몇 개일까요?

풀이
10씩 뛰어서 세면 십의 자리 수가 1씩 커집니다.
210부터 10씩 4번 뛰어서 세면
210 — 220 — 230 — 240 — 250
입니다.
따라서 지우개는 모두 250개입니다.

답 250개

왼쪽 1번과 같이 문제의 핵심 부분에 색칠하고, 문제를 풀어 보세요.

정답 3쪽

2 민준이는 320원이 들어 있던 저금통에 오늘부터 매일 100원씩 4일 동안 저금했습니다. 민준이가 저금한 후 저금통에 들어 있는 돈은 모두 얼마일까요?

풀이
100씩 뛰어서 세면 백의 자리 수가 1씩 커집니다.
320부터 100씩 4번 뛰어서 세면
320 — 420 — 520 — 620 — 720
입니다.
따라서 저금통에 들어 있는 돈은 모두 720원입니다.

답 720원

3 연필이 156타 있습니다. 연필을 1타씩 6번 더 샀다면 연필은 모두 몇 타일까요?

풀이
1씩 뛰어서 세면 일의 자리 수가 1씩 커집니다.
156부터 1씩 6번 뛰어서 세면
156 — 157 — 158 — 159 — 160 — 161 — 162입니다.
따라서 연필은 모두 162타입니다.

답 162타

4 채원이네 반 학생들이 오늘까지 모은 생수통은 716개입니다. 채원이네 반 학생들이 생수통을 하루에 20개씩 3일 동안 모은다면 생수통은 모두 몇 개일까요?

풀이
20씩 뛰어서 세면 십의 자리 수가 2씩 커집니다.
716부터 20씩 3번 뛰어서 세면
716 — 736 — 756 — 776입니다.
따라서 생수통은 모두 776개입니다.

답 776개

16 17

1 세 자리 수

18-19쪽

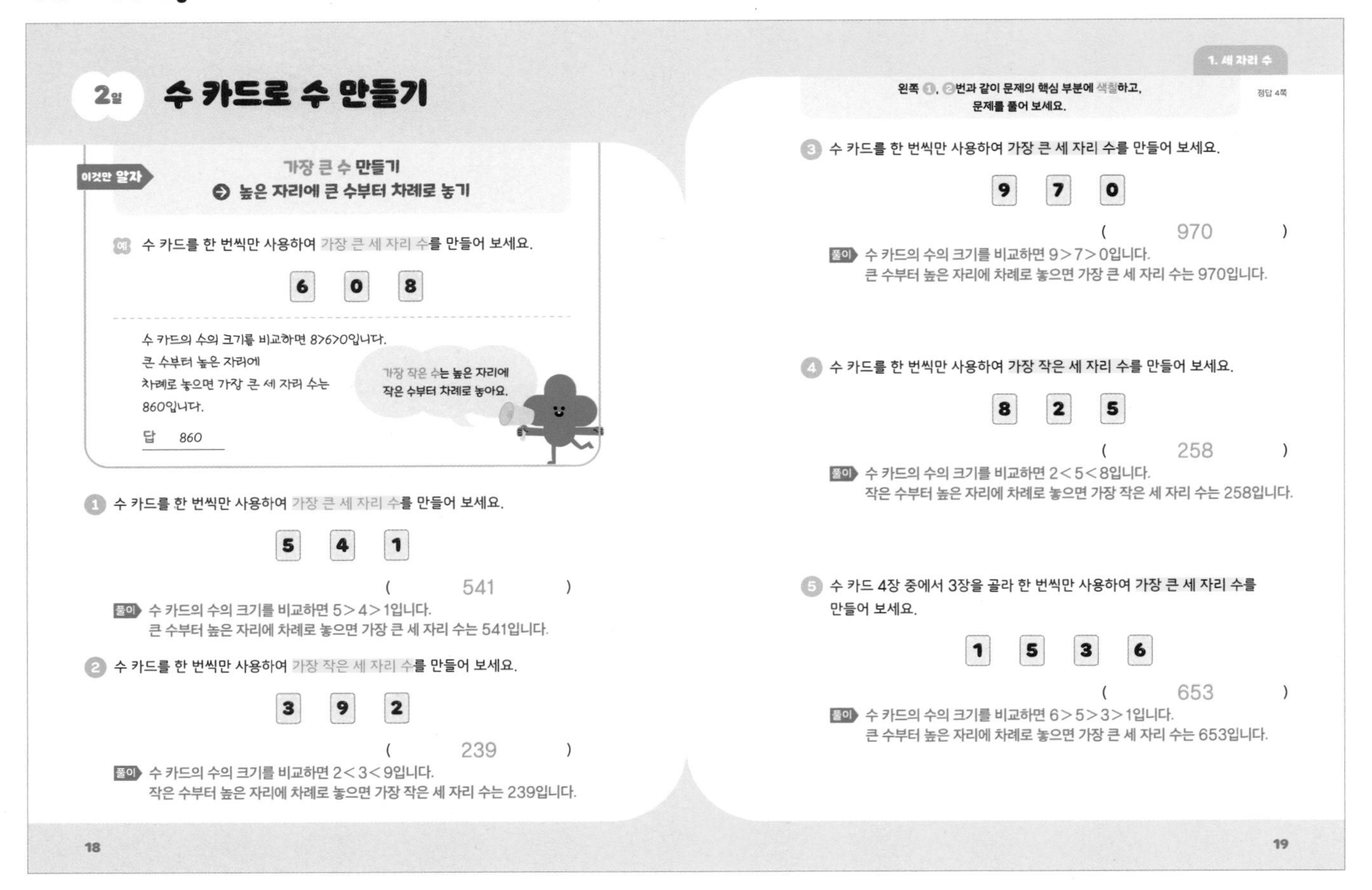

2일 수 카드로 수 만들기

이것만 알자

가장 큰 수 만들기
➔ 높은 자리에 큰 수부터 차례로 놓기

예 수 카드를 한 번씩만 사용하여 가장 큰 세 자리 수를 만들어 보세요.

6 0 8

수 카드의 수의 크기를 비교하면 8>6>0입니다.
큰 수부터 높은 자리에
차례로 놓으면 가장 큰 세 자리 수는
860입니다.

답 860

가장 작은 수는 높은 자리에 작은 수부터 차례로 놓아요.

1 수 카드를 한 번씩만 사용하여 가장 큰 세 자리 수를 만들어 보세요.

5 4 1

(541)

풀이 수 카드의 수의 크기를 비교하면 5 > 4 > 1입니다.
큰 수부터 높은 자리에 차례로 놓으면 가장 큰 세 자리 수는 541입니다.

2 수 카드를 한 번씩만 사용하여 가장 작은 세 자리 수를 만들어 보세요.

3 9 2

(239)

풀이 수 카드의 수의 크기를 비교하면 2 < 3 < 9입니다.
작은 수부터 높은 자리에 차례로 놓으면 가장 작은 세 자리 수는 239입니다.

왼쪽 1, 2번과 같이 문제의 핵심 부분에 색칠하고, 문제를 풀어 보세요.

정답 4쪽

3 수 카드를 한 번씩만 사용하여 가장 큰 세 자리 수를 만들어 보세요.

9 7 0

(970)

풀이 수 카드의 수의 크기를 비교하면 9 > 7 > 0입니다.
큰 수부터 높은 자리에 차례로 놓으면 가장 큰 세 자리 수는 970입니다.

4 수 카드를 한 번씩만 사용하여 가장 작은 세 자리 수를 만들어 보세요.

8 2 5

(258)

풀이 수 카드의 수의 크기를 비교하면 2 < 5 < 8입니다.
작은 수부터 높은 자리에 차례로 놓으면 가장 작은 세 자리 수는 258입니다.

5 수 카드 4장 중에서 3장을 골라 한 번씩만 사용하여 가장 큰 세 자리 수를 만들어 보세요.

1 5 3 6

(653)

풀이 수 카드의 수의 크기를 비교하면 6 > 5 > 3 > 1입니다.
큰 수부터 높은 자리에 차례로 놓으면 가장 큰 세 자리 수는 653입니다.

18 19

20-21쪽

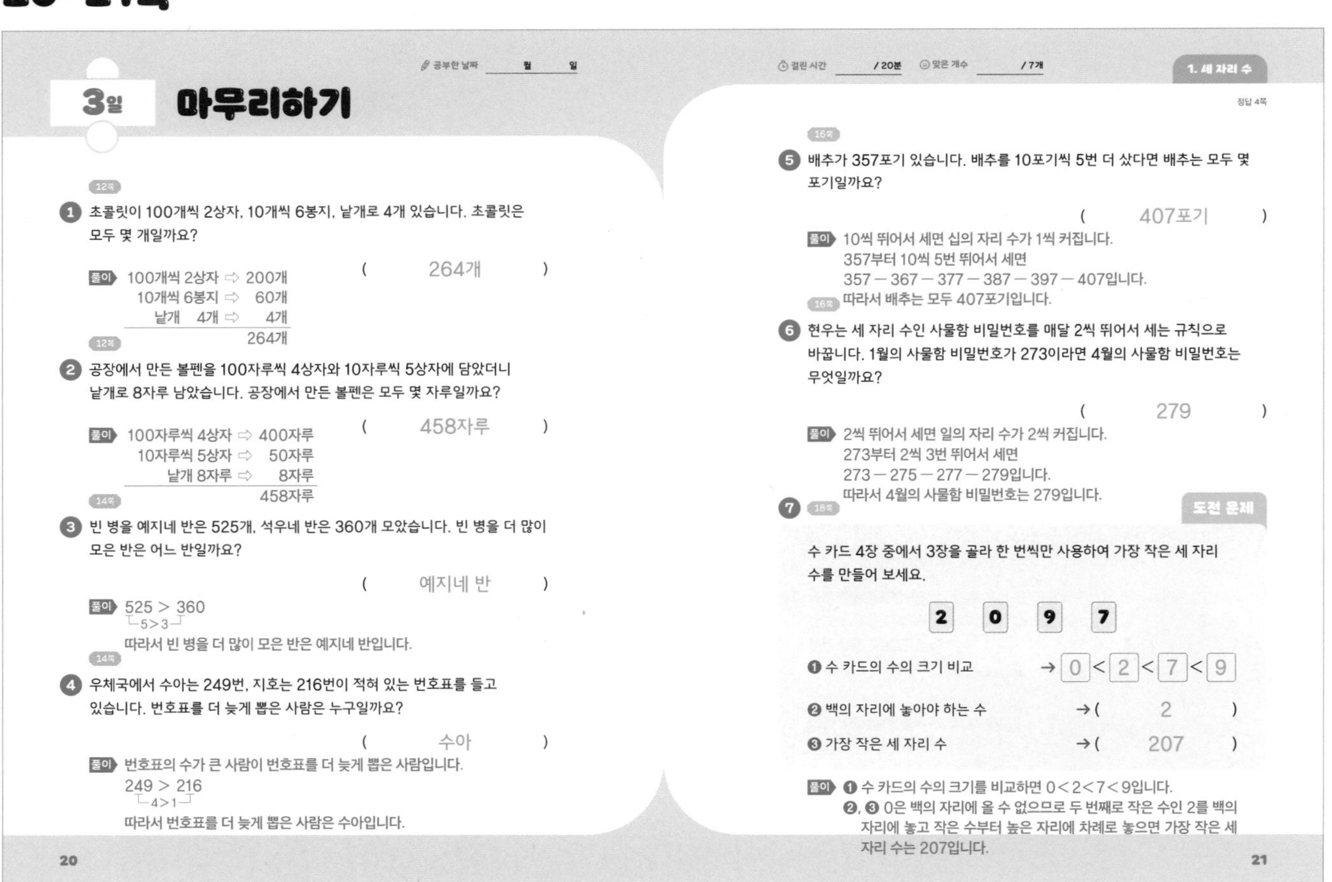

공부한 날짜 월 일

걸린 시간 /20분 맞은 개수 /7개

정답 4쪽

3일 마무리하기

12쪽

1 초콜릿이 100개씩 2상자, 10개씩 6봉지, 낱개로 4개 있습니다. 초콜릿은 모두 몇 개일까요?

(264개)

풀이 100개씩 2상자 ⇨ 200개
10개씩 6봉지 ⇨ 60개
낱개 4개 ⇨ 4개
264개

12쪽

2 공장에서 만든 볼펜을 100자루씩 4상자와 10자루씩 5상자에 담았더니 낱개로 8자루 남았습니다. 공장에서 만든 볼펜은 모두 몇 자루일까요?

(458자루)

풀이 100자루씩 4상자 ⇨ 400자루
10자루씩 5상자 ⇨ 50자루
낱개 8자루 ⇨ 8자루
458자루

14쪽

3 빈 병을 예지네 반은 525개, 석우네 반은 360개 모았습니다. 빈 병을 더 많이 모은 반은 어느 반일까요?

(예지네 반)

풀이 525 > 360
5>3
따라서 빈 병을 더 많이 모은 반은 예지네 반입니다.

14쪽

4 우체국에서 수아는 249번, 지호는 216번이 적혀 있는 번호표를 들고 있습니다. 번호표를 더 늦게 뽑은 사람은 누구일까요?

(수아)

풀이 번호표의 수가 큰 사람이 번호표를 더 늦게 뽑은 사람입니다.
249 > 216
4>1
따라서 번호표를 더 늦게 뽑은 사람은 수아입니다.

16쪽

5 배추가 357포기 있습니다. 배추를 10포기씩 5번 더 샀다면 배추는 모두 몇 포기일까요?

(407포기)

풀이 10씩 뛰어서 세면 십의 자리 수가 1씩 커집니다.
357부터 10씩 5번 뛰어서 세면
357 – 367 – 377 – 387 – 397 – 407입니다.
따라서 배추는 모두 407포기입니다.

16쪽

6 현우는 세 자리 수인 사물함 비밀번호를 매달 2씩 뛰어서 세는 규칙으로 바꿉니다. 1월의 사물함 비밀번호가 273이라면 4월의 사물함 비밀번호는 무엇일까요?

(279)

풀이 2씩 뛰어서 세면 일의 자리 수가 2씩 커집니다.
273부터 2씩 3번 뛰어서 세면
273 – 275 – 277 – 279입니다.
따라서 4월의 사물함 비밀번호는 279입니다.

7 18쪽 도전 문제

수 카드 4장 중에서 3장을 골라 한 번씩만 사용하여 가장 작은 세 자리 수를 만들어 보세요.

2 0 9 7

❶ 수 카드의 수의 크기 비교 → 0 < 2 < 7 < 9

❷ 백의 자리에 놓아야 하는 수 → (2)

❸ 가장 작은 세 자리 수 → (207)

풀이 ❶ 수 카드의 수의 크기를 비교하면 0 < 2 < 7 < 9입니다.
❷, ❸ 0은 백의 자리에 올 수 없으므로 두 번째로 작은 수인 2를 백의 자리에 놓고 작은 수부터 높은 자리에 차례로 놓으면 가장 작은 세 자리 수는 207입니다.

20 21

24-25쪽

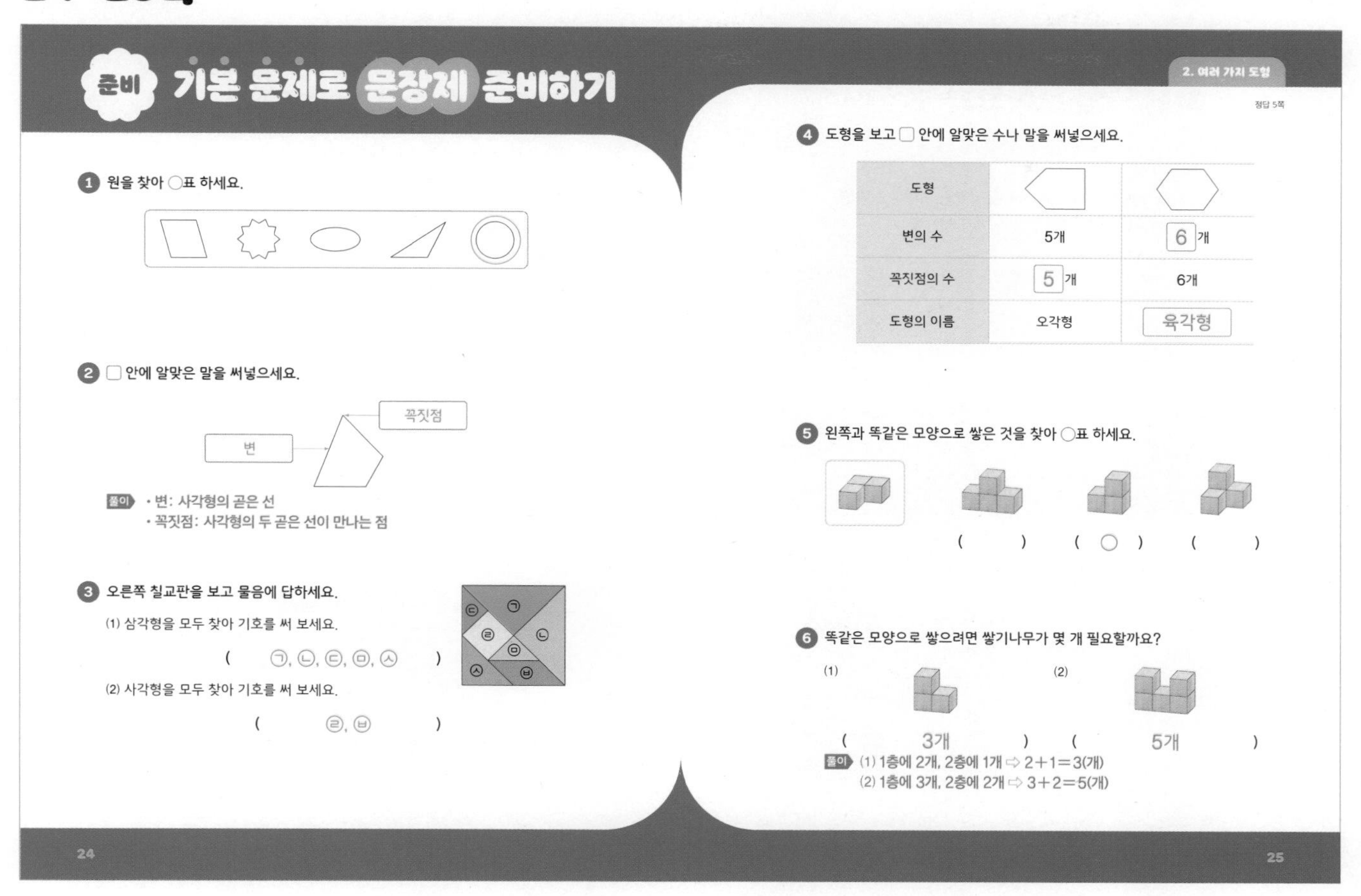
준비 기본 문제로 문장제 준비하기
2. 여러 가지 도형
정답 5쪽
1 원을 찾아 ○표 하세요.
2 □ 안에 알맞은 말을 써넣으세요.
꼭짓점
변
풀이 • 변: 사각형의 곧은 선
• 꼭짓점: 사각형의 두 곧은 선이 만나는 점
3 오른쪽 칠교판을 보고 물음에 답하세요.
(1) 삼각형을 모두 찾아 기호를 써 보세요.
(㉠, ㉡, ㉢, ㉤, ㉦)
(2) 사각형을 모두 찾아 기호를 써 보세요.
(㉣, ㉥)
4 도형을 보고 □ 안에 알맞은 수나 말을 써넣으세요.
도형
변의 수 5개 6개
꼭짓점의 수 5개 6개
도형의 이름 오각형 육각형
5 왼쪽과 똑같은 모양으로 쌓은 것을 찾아 ○표 하세요.
( ) (○) ( )
6 똑같은 모양으로 쌓으려면 쌓기나무가 몇 개 필요할까요?
(1) (2)
(3개) (5개)
풀이 (1) 1층에 2개, 2층에 1개 ⇨ 2+1=3(개)
(2) 1층에 3개, 2층에 2개 ⇨ 3+2=5(개)
24
25

26-27쪽

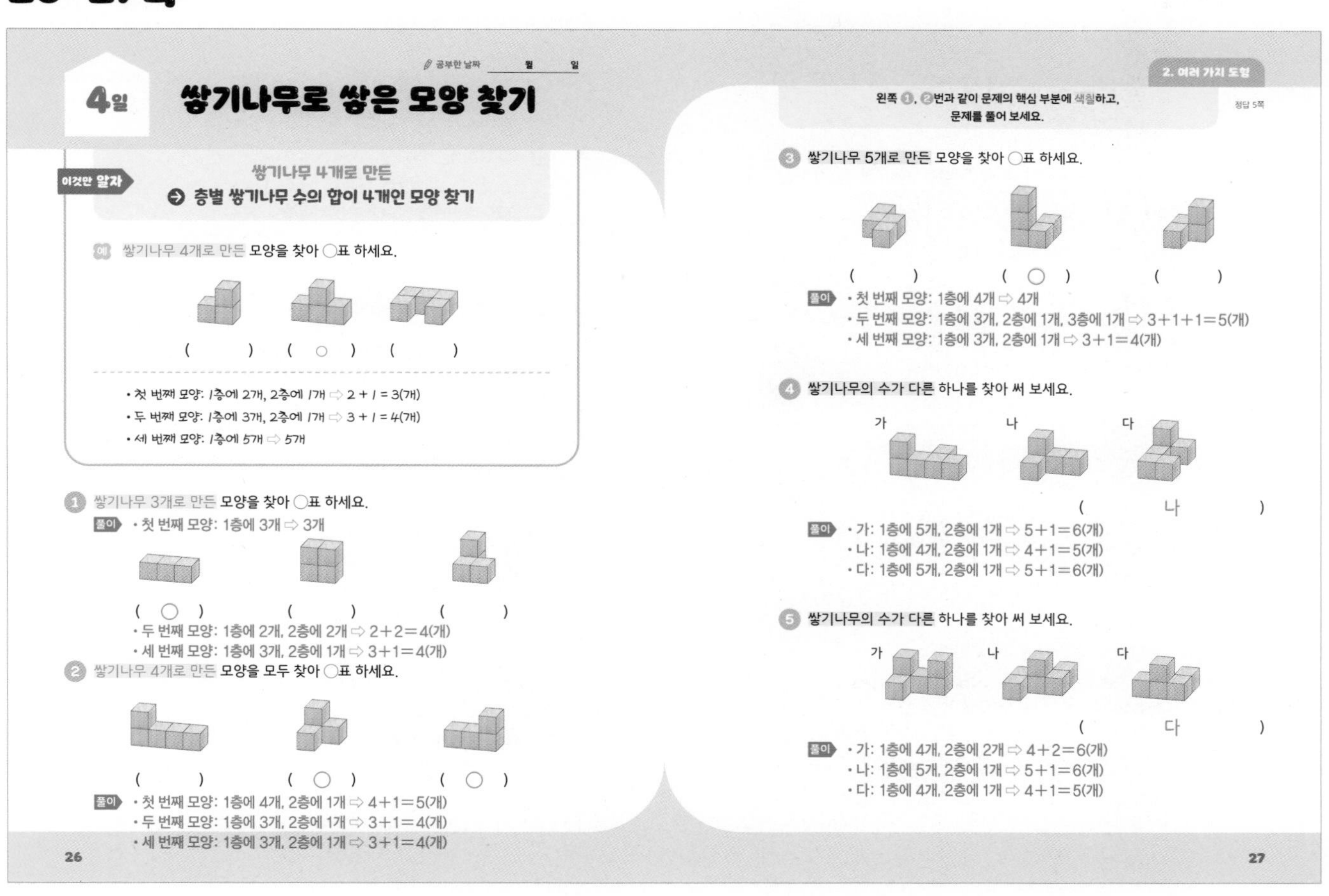
4일 쌓기나무로 쌓은 모양 찾기
공부한 날짜 월 일
2. 여러 가지 도형
이것만 알자
쌓기나무 4개로 만든
➔ 층별 쌓기나무 수의 합이 4개인 모양 찾기
예 쌓기나무 4개로 만든 모양을 찾아 ○표 하세요.
( ) (○) ( )
• 첫 번째 모양: 1층에 2개, 2층에 1개 ⇨ 2 + 1 = 3(개)
• 두 번째 모양: 1층에 3개, 2층에 1개 ⇨ 3 + 1 = 4(개)
• 세 번째 모양: 1층에 5개 ⇨ 5개
1 쌓기나무 3개로 만든 모양을 찾아 ○표 하세요.
풀이 • 첫 번째 모양: 1층에 3개 ⇨ 3개
(○) ( ) ( )
• 두 번째 모양: 1층에 2개, 2층에 2개 ⇨ 2+2=4(개)
• 세 번째 모양: 1층에 3개, 2층에 1개 ⇨ 3+1=4(개)
2 쌓기나무 4개로 만든 모양을 모두 찾아 ○표 하세요.
( ) (○) (○)
풀이 • 첫 번째 모양: 1층에 4개, 2층에 1개 ⇨ 4+1=5(개)
• 두 번째 모양: 1층에 3개, 2층에 1개 ⇨ 3+1=4(개)
• 세 번째 모양: 1층에 3개, 2층에 1개 ⇨ 3+1=4(개)
왼쪽 1, 2번과 같이 문제의 핵심 부분에 색칠하고, 문제를 풀어 보세요.
정답 5쪽
3 쌓기나무 5개로 만든 모양을 찾아 ○표 하세요.
( ) (○) ( )
풀이 • 첫 번째 모양: 1층에 4개 ⇨ 4개
• 두 번째 모양: 1층에 3개, 2층에 1개, 3층에 1개 ⇨ 3+1+1=5(개)
• 세 번째 모양: 1층에 3개, 2층에 1개 ⇨ 3+1=4(개)
4 쌓기나무의 수가 다른 하나를 찾아 써 보세요.
가 나 다
(나)
풀이 • 가: 1층에 5개, 2층에 1개 ⇨ 5+1=6(개)
• 나: 1층에 4개, 2층에 1개 ⇨ 4+1=5(개)
• 다: 1층에 5개, 2층에 1개 ⇨ 5+1=6(개)
5 쌓기나무의 수가 다른 하나를 찾아 써 보세요.
가 나 다
(다)
풀이 • 가: 1층에 4개, 2층에 2개 ⇨ 4+2=6(개)
• 나: 1층에 5개, 2층에 1개 ⇨ 5+1=6(개)
• 다: 1층에 4개, 2층에 1개 ⇨ 4+1=5(개)
26
27

2 여러 가지 도형

28-29쪽

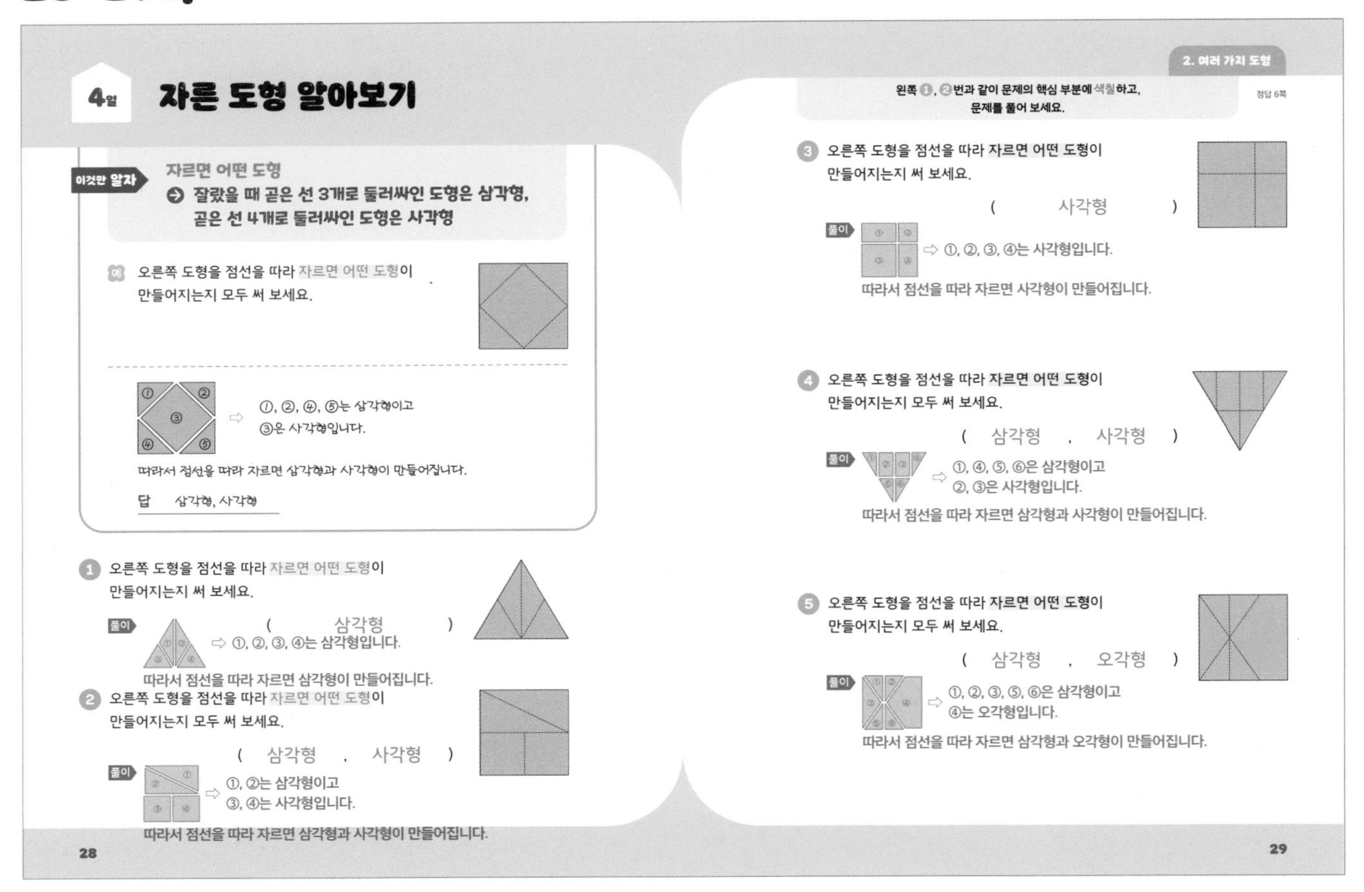

4일 자른 도형 알아보기

이것만 알자
자르면 어떤 도형
➔ 잘랐을 때 곧은 선 3개로 둘러싸인 도형은 삼각형,
곧은 선 4개로 둘러싸인 도형은 사각형

예 오른쪽 도형을 점선을 따라 자르면 어떤 도형이 만들어지는지 모두 써 보세요.

⇨ ①, ②, ④, ⑤는 삼각형이고 ③은 사각형입니다.
따라서 점선을 따라 자르면 삼각형과 사각형이 만들어집니다.
답 삼각형, 사각형

1 오른쪽 도형을 점선을 따라 자르면 어떤 도형이 만들어지는지 써 보세요.
(삼각형)
풀이 ⇨ ①, ②, ③, ④는 삼각형입니다.
따라서 점선을 따라 자르면 삼각형이 만들어집니다.

2 오른쪽 도형을 점선을 따라 자르면 어떤 도형이 만들어지는지 모두 써 보세요.
(삼각형 , 사각형)
풀이 ⇨ ①, ②는 삼각형이고 ③, ④는 사각형입니다.
따라서 점선을 따라 자르면 삼각형과 사각형이 만들어집니다.

28

2. 여러 가지 도형
왼쪽 ①, ②번과 같이 문제의 핵심 부분에 색칠하고, 문제를 풀어 보세요.
정답 6쪽

3 오른쪽 도형을 점선을 따라 자르면 어떤 도형이 만들어지는지 써 보세요.
(사각형)
풀이 ⇨ ①, ②, ③, ④는 사각형입니다.
따라서 점선을 따라 자르면 사각형이 만들어집니다.

4 오른쪽 도형을 점선을 따라 자르면 어떤 도형이 만들어지는지 모두 써 보세요.
(삼각형 , 사각형)
풀이 ⇨ ①, ④, ⑤, ⑥은 삼각형이고 ②, ③은 사각형입니다.
따라서 점선을 따라 자르면 삼각형과 사각형이 만들어집니다.

5 오른쪽 도형을 점선을 따라 자르면 어떤 도형이 만들어지는지 모두 써 보세요.
(삼각형 , 오각형)
풀이 ⇨ ①, ②, ③, ⑤, ⑥은 삼각형이고 ④는 오각형입니다.
따라서 점선을 따라 자르면 삼각형과 오각형이 만들어집니다.

29

30-31쪽

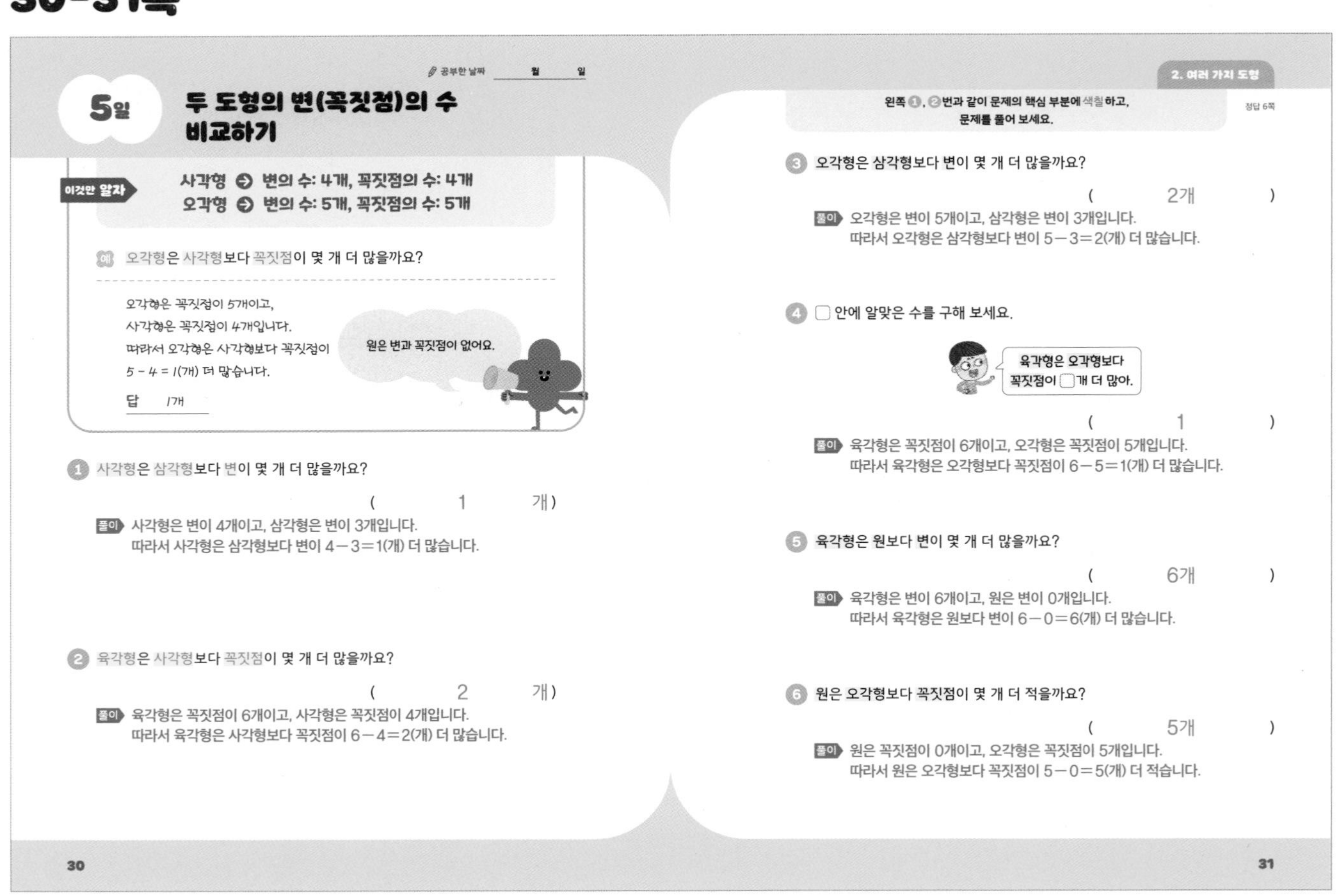

공부한 날짜 월 일

5일 두 도형의 변(꼭짓점)의 수 비교하기

이것만 알자
사각형 ➔ 변의 수: 4개, 꼭짓점의 수: 4개
오각형 ➔ 변의 수: 5개, 꼭짓점의 수: 5개

예 오각형은 사각형보다 꼭짓점이 몇 개 더 많을까요?

오각형은 꼭짓점이 5개이고,
사각형은 꼭짓점이 4개입니다.
따라서 오각형은 사각형보다 꼭짓점이
5 - 4 = 1(개) 더 많습니다.
답 1개

1 사각형은 삼각형보다 변이 몇 개 더 많을까요?
(1 개)
풀이 사각형은 변이 4개이고, 삼각형은 변이 3개입니다.
따라서 사각형은 삼각형보다 변이 4－3＝1(개) 더 많습니다.

2 육각형은 사각형보다 꼭짓점이 몇 개 더 많을까요?
(2 개)
풀이 육각형은 꼭짓점이 6개이고, 사각형은 꼭짓점이 4개입니다.
따라서 육각형은 사각형보다 꼭짓점이 6－4＝2(개) 더 많습니다.

30

2. 여러 가지 도형
왼쪽 ①, ②번과 같이 문제의 핵심 부분에 색칠하고, 문제를 풀어 보세요.
정답 6쪽

3 오각형은 삼각형보다 변이 몇 개 더 많을까요?
(2개)
풀이 오각형은 변이 5개이고, 삼각형은 변이 3개입니다.
따라서 오각형은 삼각형보다 변이 5－3＝2(개) 더 많습니다.

4 □ 안에 알맞은 수를 구해 보세요.

(1)
풀이 육각형은 꼭짓점이 6개이고, 오각형은 꼭짓점이 5개입니다.
따라서 육각형은 오각형보다 꼭짓점이 6－5＝1(개) 더 많습니다.

5 육각형은 원보다 변이 몇 개 더 많을까요?
(6개)
풀이 육각형은 변이 6개이고, 원은 변이 0개입니다.
따라서 육각형은 원보다 변이 6－0＝6(개) 더 많습니다.

6 원은 오각형보다 꼭짓점이 몇 개 더 적을까요?
(5개)
풀이 원은 꼭짓점이 0개이고, 오각형은 꼭짓점이 5개입니다.
따라서 원은 오각형보다 꼭짓점이 5－0＝5(개) 더 적습니다.

31

32-33쪽

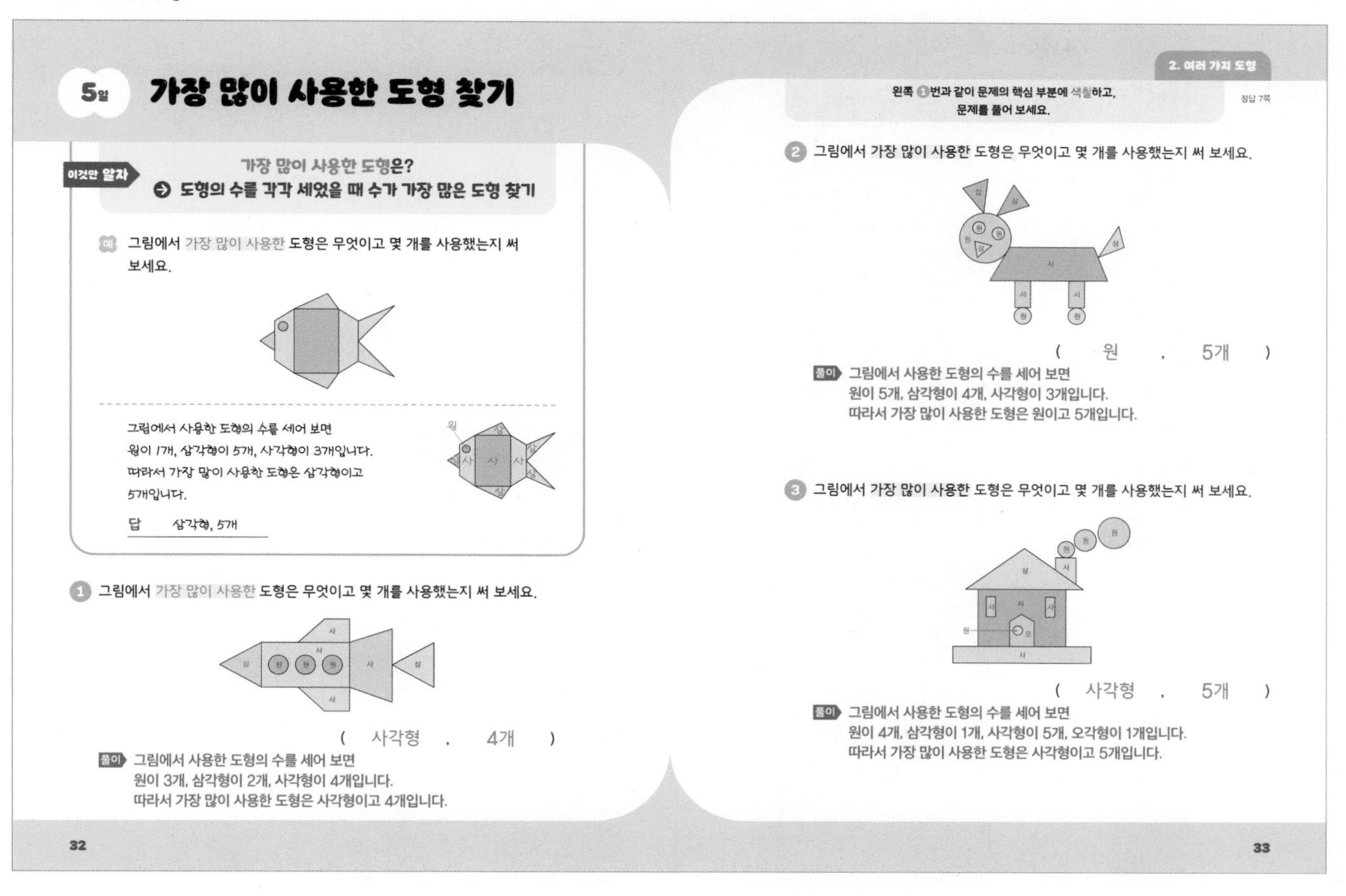

5일 가장 많이 사용한 도형 찾기

이것만 알자
가장 많이 사용한 도형은?
➔ 도형의 수를 각각 세었을 때 수가 가장 많은 도형 찾기

예 그림에서 가장 많이 사용한 도형은 무엇이고 몇 개를 사용했는지 써 보세요.

그림에서 사용한 도형의 수를 세어 보면
원이 1개, 삼각형이 5개, 사각형이 3개입니다.
따라서 가장 많이 사용한 도형은 삼각형이고
5개입니다.

답 삼각형, 5개

1 그림에서 가장 많이 사용한 도형은 무엇이고 몇 개를 사용했는지 써 보세요.

(사각형 , 4개)

풀이 그림에서 사용한 도형의 수를 세어 보면
원이 3개, 삼각형이 2개, 사각형이 4개입니다.
따라서 가장 많이 사용한 도형은 사각형이고 4개입니다.

2. 여러 가지 도형

왼쪽 1번과 같이 문제의 핵심 부분에 색칠하고, 문제를 풀어 보세요.

정답 7쪽

2 그림에서 가장 많이 사용한 도형은 무엇이고 몇 개를 사용했는지 써 보세요.

(원 , 5개)

풀이 그림에서 사용한 도형의 수를 세어 보면
원이 5개, 삼각형이 4개, 사각형이 3개입니다.
따라서 가장 많이 사용한 도형은 원이고 5개입니다.

3 그림에서 가장 많이 사용한 도형은 무엇이고 몇 개를 사용했는지 써 보세요.

(사각형 , 5개)

풀이 그림에서 사용한 도형의 수를 세어 보면
원이 4개, 삼각형이 1개, 사각형이 5개, 오각형이 1개입니다.
따라서 가장 많이 사용한 도형은 사각형이고 5개입니다.

32 33

34-35쪽

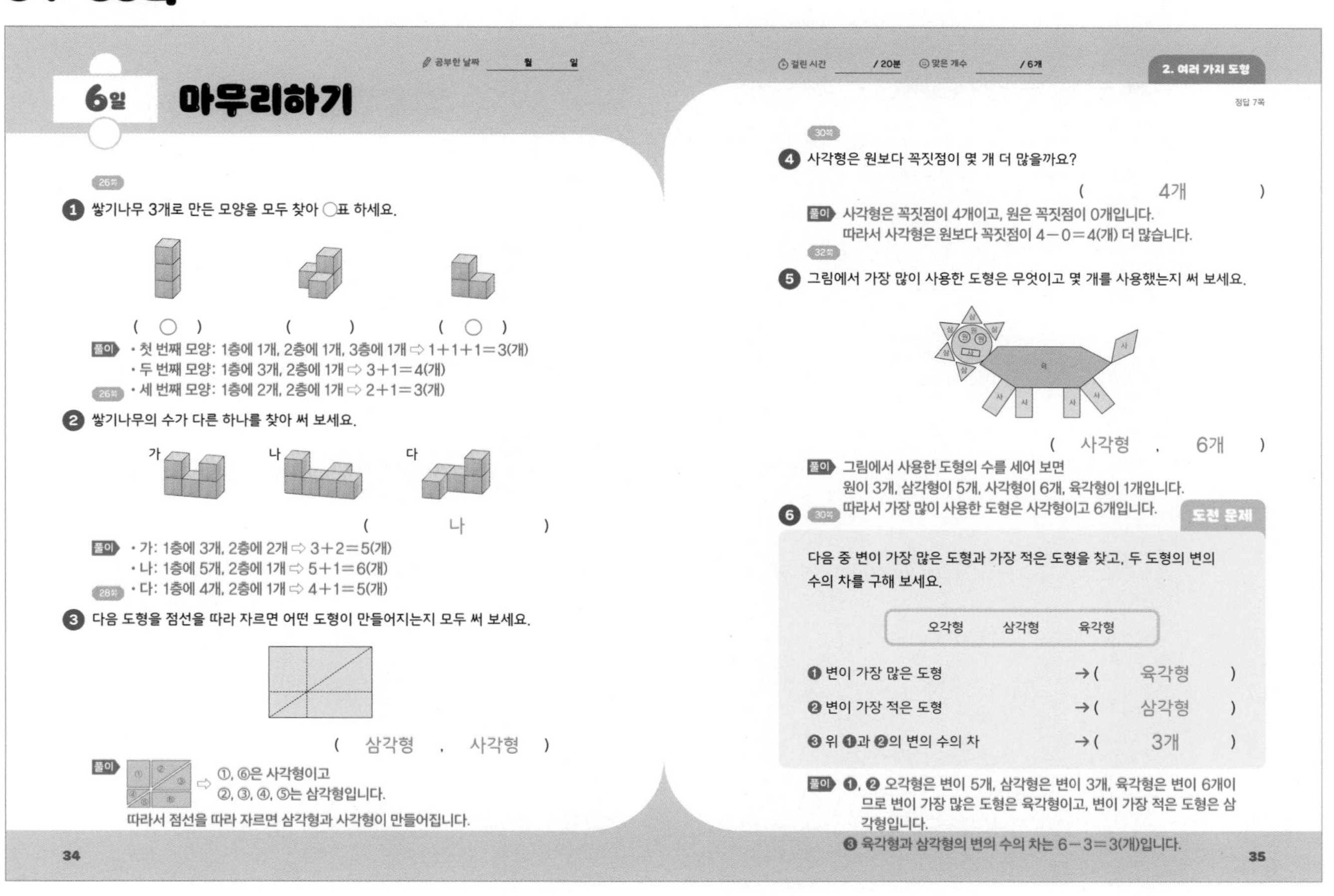

6일 마무리하기

공부한 날짜 월 일

26쪽
1 쌓기나무 3개로 만든 모양을 모두 찾아 ○표 하세요.

(○) ( ) (○)

풀이 • 첫 번째 모양: 1층에 1개, 2층에 1개, 3층에 1개 ⇨ 1+1+1=3(개)
• 두 번째 모양: 1층에 3개, 2층에 1개 ⇨ 3+1=4(개)
• 세 번째 모양: 1층에 2개, 2층에 1개 ⇨ 2+1=3(개)

26쪽
2 쌓기나무의 수가 다른 하나를 찾아 써 보세요.

가 나 다

(나)

풀이 • 가: 1층에 3개, 2층에 2개 ⇨ 3+2=5(개)
• 나: 1층에 5개, 2층에 1개 ⇨ 5+1=6(개)
• 다: 1층에 4개, 2층에 1개 ⇨ 4+1=5(개)

28쪽
3 다음 도형을 점선을 따라 자르면 어떤 도형이 만들어지는지 모두 써 보세요.

(삼각형 , 사각형)

풀이 ⇨ ①, ⑥은 사각형이고
②, ③, ④, ⑤는 삼각형입니다.
따라서 점선을 따라 자르면 삼각형과 사각형이 만들어집니다.

걸린 시간 /20분 맞은 개수 /6개

2. 여러 가지 도형

정답 7쪽

30쪽
4 사각형은 원보다 꼭짓점이 몇 개 더 많을까요?

(4개)

풀이 사각형은 꼭짓점이 4개이고, 원은 꼭짓점이 0개입니다.
따라서 사각형은 원보다 꼭짓점이 4−0=4(개) 더 많습니다.

32쪽
5 그림에서 가장 많이 사용한 도형은 무엇이고 몇 개를 사용했는지 써 보세요.

(사각형 , 6개)

풀이 그림에서 사용한 도형의 수를 세어 보면
원이 3개, 삼각형이 5개, 사각형이 6개, 육각형이 1개입니다.
따라서 가장 많이 사용한 도형은 사각형이고 6개입니다.

6 30쪽 도전 문제

다음 중 변이 가장 많은 도형과 가장 적은 도형을 찾고, 두 도형의 변의 수의 차를 구해 보세요.

오각형 삼각형 육각형

❶ 변이 가장 많은 도형 →(육각형)
❷ 변이 가장 적은 도형 →(삼각형)
❸ 위 ❶과 ❷의 변의 수의 차 →(3개)

풀이 ❶, ❷ 오각형은 변이 5개, 삼각형은 변이 3개, 육각형은 변이 6개이므로 변이 가장 많은 도형은 육각형이고, 변이 가장 적은 도형은 삼각형입니다.
❸ 육각형과 삼각형의 변의 수의 차는 6−3=3(개)입니다.

34 35

38-39쪽

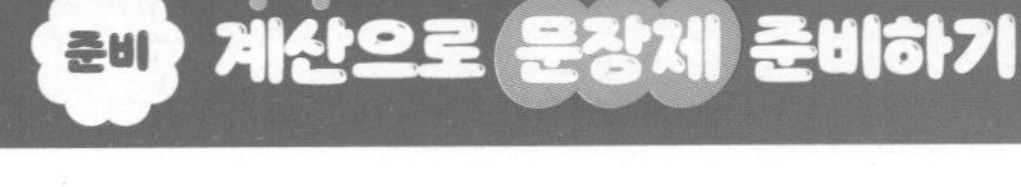

✦ 계산해 보세요.

❶
```
  1
  1 8
+   7
-----
  2 5
```
일의 자리 수끼리의 합이 10이거나 10보다 크면 10을 십의 자리로 받아올려 계산해요.

❷
```
  1
  4 3
+ 2 9
-----
  7 2
```

❸
```
  1
    5 7
+   6 1
-------
  1 1 8
```
십의 자리 수끼리의 합이 10이거나 10보다 크면 10을 백의 자리로 받아올려 계산해요.

❹
```
  1 1
    8 5
+   3 7
-------
  1 2 2
```

❺
```
  1 10
  2̸ 1
-   9
-----
  1 2
```
일의 자리 수끼리 뺄 수 없으면 십의 자리에서 10을 일의 자리로 받아내려 계산해요.

❻
```
  5 10
  6̸ 0
- 1 2
-----
  4 8
```

❼
```
  7 10
  8̸ 4
- 3 8
-----
  4 6
```

❽
```
  8 10
  9̸ 3
- 5 4
-----
  3 9
```

❾ 26+6=32

❿ 38+27=65

⓫ 49+14=63

⓬ 52+63=115

⓭ 97+26=123

⓮ 33−6=27

⓯ 50−23=27

⓰ 60−39=21

⓱ 72−16=56

⓲ 81−45=36

40-41쪽

공부한 날짜 월 일

7일 모두 몇인지 구하기

이것만 알자 모두 몇 개 ➔ 두 수를 더하기

예 남학생 27명, 여학생 28명이 식물원에 갔습니다. 식물원에 간 학생은 모두 몇 명일까요?

(식물원에 간 학생 수)
=(식물원에 간 남학생 수)+(식물원에 간 여학생 수)

식 27+28=55 답 55명

❶ 가온이는 색종이를 72장 가지고 있고, 현채는 54장 가지고 있습니다. 두 사람이 가지고 있는 색종이는 모두 몇 장일까요?

식 72+54=126 답 126장

(72: 가온이가 가지고 있는 색종이의 수, 54: 현채가 가지고 있는 색종이의 수)

풀이 (두 사람이 가지고 있는 색종이의 수)
=(가온이가 가지고 있는 색종이의 수)+(현채가 가지고 있는 색종이의 수)
=72+54=126(장)

❷ 수족관에 금붕어가 36마리, 열대어가 47마리 있습니다. 수족관에 있는 물고기는 모두 몇 마리일까요?

식 36+47=83 답 83마리

풀이 (수족관에 있는 물고기의 수)
=(수족관에 있는 금붕어의 수)+(수족관에 있는 열대어의 수)
=36+47=83(마리)

왼쪽 ❶, ❷번과 같이 문제의 핵심 부분에 색칠하고, 계산해야 하는 두 수에 밑줄을 그어 문제를 풀어 보세요.

정답 8쪽

❸ 바구니에 빨간 장미가 27송이, 파란 장미가 5송이 있습니다. 바구니에 있는 장미는 모두 몇 송이일까요?

식 27+5=32 답 32송이

풀이 (전체 장미의 수)
=(빨간 장미의 수)+(파란 장미의 수)
=27+5=32(송이)

❹ 유찬이는 소설책을 어제는 46쪽 읽었고, 오늘은 28쪽 읽었습니다. 유찬이가 어제와 오늘 읽은 소설책은 모두 몇 쪽일까요?

식 46+28=74 답 74쪽

풀이 (어제와 오늘 읽은 소설책 쪽수)
=(어제 읽은 소설책 쪽수)+(오늘 읽은 소설책 쪽수)
=46+28=74(쪽)

❺ 재현이는 고구마를 15개 캤고, 민정이는 9개 캤습니다. 두 사람이 캔 고구마는 모두 몇 개일까요?

식 15+9=24

답 24개

풀이 (두 사람이 캔 고구마의 수)
=(재현이가 캔 고구마의 수)+(민정이가 캔 고구마의 수)
=15+9=24(개)

42-43쪽

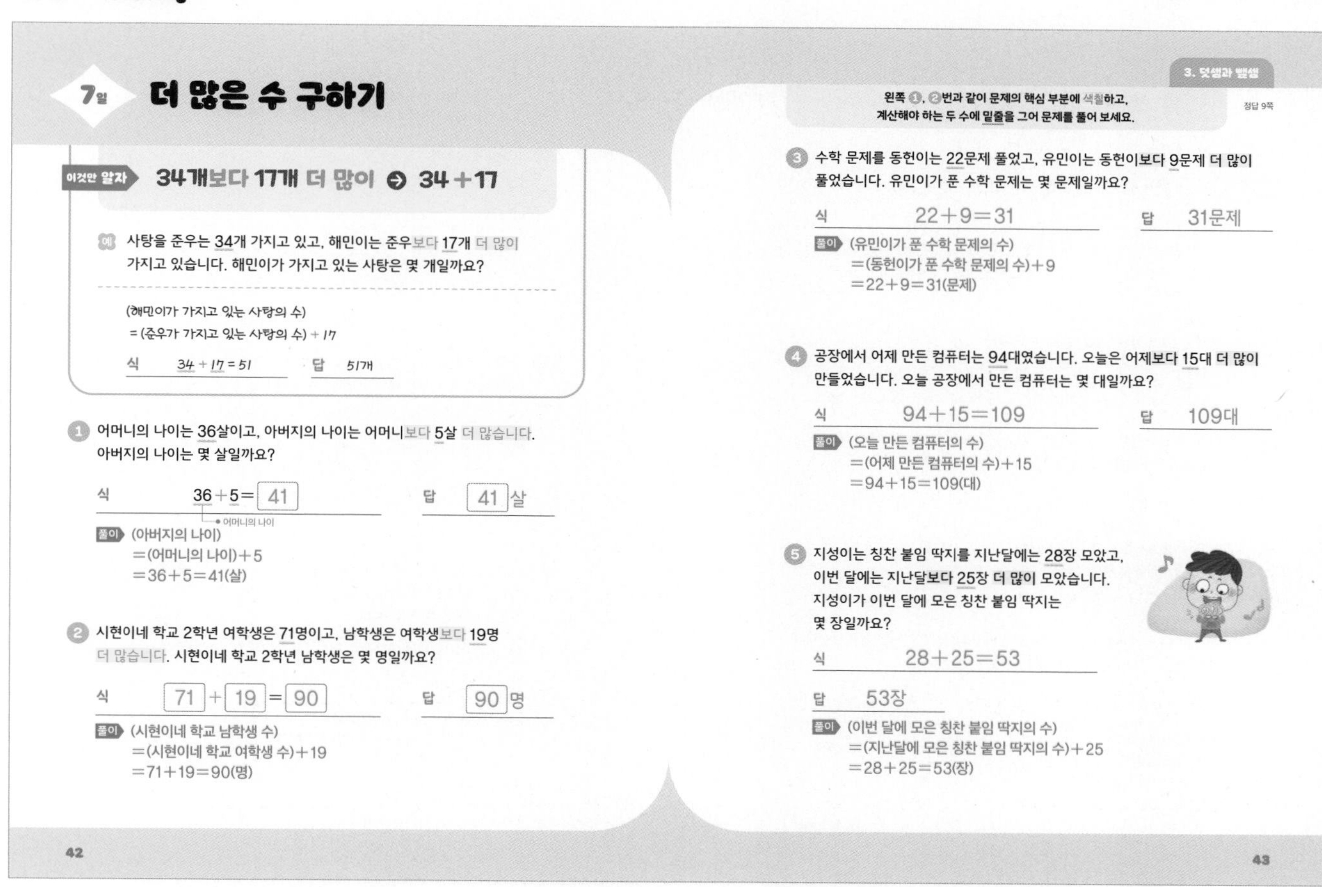

3. 덧셈과 뺄셈

7일 더 많은 수 구하기

이것만 알자 34개보다 17개 더 많이 ➔ 34+17

예 사탕을 준우는 34개 가지고 있고, 해민이는 준우보다 17개 더 많이 가지고 있습니다. 해민이가 가지고 있는 사탕은 몇 개일까요?

(해민이가 가지고 있는 사탕의 수)
=(준우가 가지고 있는 사탕의 수)+17

식 34+17=51 답 51개

1 어머니의 나이는 36살이고, 아버지의 나이는 어머니보다 5살 더 많습니다. 아버지의 나이는 몇 살일까요?

식 36+5=41 (어머니의 나이) 답 41살

풀이 (아버지의 나이)
=(어머니의 나이)+5
=36+5=41(살)

2 시현이네 학교 2학년 여학생은 71명이고, 남학생은 여학생보다 19명 더 많습니다. 시현이네 학교 2학년 남학생은 몇 명일까요?

식 71+19=90 답 90명

풀이 (시현이네 학교 남학생 수)
=(시현이네 학교 여학생 수)+19
=71+19=90(명)

왼쪽 1, 2번과 같이 문제의 핵심 부분에 색칠하고, 계산해야 하는 두 수에 밑줄을 그어 문제를 풀어 보세요.

정답 9쪽

3 수학 문제를 동현이는 22문제 풀었고, 유민이는 동현이보다 9문제 더 많이 풀었습니다. 유민이가 푼 수학 문제는 몇 문제일까요?

식 22+9=31 답 31문제

풀이 (유민이가 푼 수학 문제의 수)
=(동현이가 푼 수학 문제의 수)+9
=22+9=31(문제)

4 공장에서 어제 만든 컴퓨터는 94대였습니다. 오늘은 어제보다 15대 더 많이 만들었습니다. 오늘 공장에서 만든 컴퓨터는 몇 대일까요?

식 94+15=109 답 109대

풀이 (오늘 만든 컴퓨터의 수)
=(어제 만든 컴퓨터의 수)+15
=94+15=109(대)

5 지성이는 칭찬 붙임 딱지를 지난달에는 28장 모았고, 이번 달에는 지난달보다 25장 더 많이 모았습니다. 지성이가 이번 달에 모은 칭찬 붙임 딱지는 몇 장일까요?

식 28+25=53

답 53장

풀이 (이번 달에 모은 칭찬 붙임 딱지의 수)
=(지난달에 모은 칭찬 붙임 딱지의 수)+25
=28+25=53(장)

42 43

44-45쪽

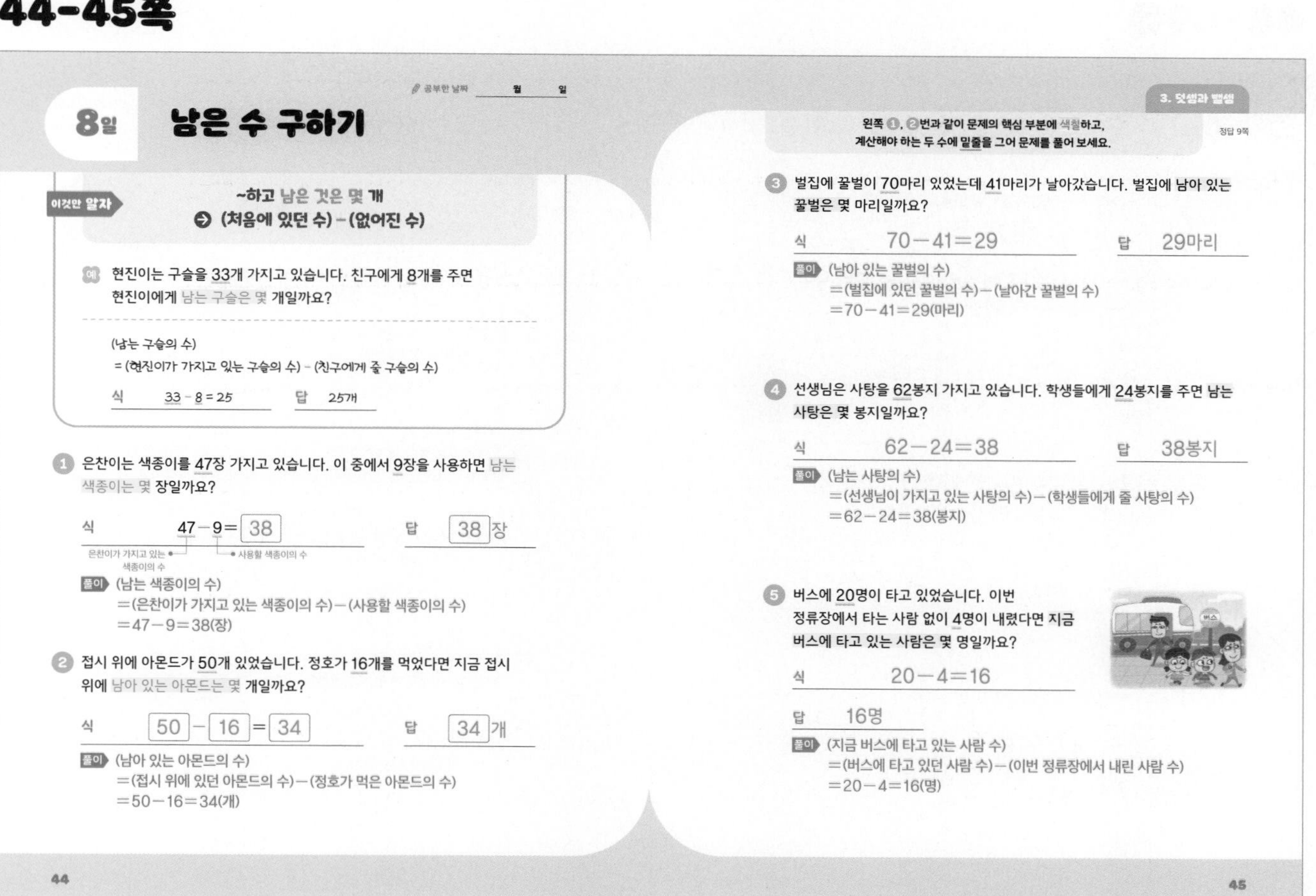

공부한 날짜 월 일

3. 덧셈과 뺄셈

8일 남은 수 구하기

이것만 알자 ~하고 남은 것은 몇 개
➔ (처음에 있던 수)−(없어진 수)

예 현진이는 구슬을 33개 가지고 있습니다. 친구에게 8개를 주면 현진이에게 남는 구슬은 몇 개일까요?

(남는 구슬의 수)
=(현진이가 가지고 있는 구슬의 수)−(친구에게 줄 구슬의 수)

식 33−8=25 답 25개

1 은찬이는 색종이를 47장 가지고 있습니다. 이 중에서 9장을 사용하면 남는 색종이는 몇 장일까요?

식 47−9=38 (은찬이가 가지고 있는 색종이의 수, 사용할 색종이의 수) 답 38장

풀이 (남는 색종이의 수)
=(은찬이가 가지고 있는 색종이의 수)−(사용할 색종이의 수)
=47−9=38(장)

2 접시 위에 아몬드가 50개 있었습니다. 정호가 16개를 먹었다면 지금 접시 위에 남아 있는 아몬드는 몇 개일까요?

식 50−16=34 답 34개

풀이 (남아 있는 아몬드의 수)
=(접시 위에 있던 아몬드의 수)−(정호가 먹은 아몬드의 수)
=50−16=34(개)

왼쪽 1, 2번과 같이 문제의 핵심 부분에 색칠하고, 계산해야 하는 두 수에 밑줄을 그어 문제를 풀어 보세요.

정답 9쪽

3 벌집에 꿀벌이 70마리 있었는데 41마리가 날아갔습니다. 벌집에 남아 있는 꿀벌은 몇 마리일까요?

식 70−41=29 답 29마리

풀이 (남아 있는 꿀벌의 수)
=(벌집에 있던 꿀벌의 수)−(날아간 꿀벌의 수)
=70−41=29(마리)

4 선생님은 사탕을 62봉지 가지고 있습니다. 학생들에게 24봉지를 주면 남는 사탕은 몇 봉지일까요?

식 62−24=38 답 38봉지

풀이 (남는 사탕의 수)
=(선생님이 가지고 있는 사탕의 수)−(학생들에게 줄 사탕의 수)
=62−24=38(봉지)

5 버스에 20명이 타고 있었습니다. 이번 정류장에서 타는 사람 없이 4명이 내렸다면 지금 버스에 타고 있는 사람은 몇 명일까요?

식 20−4=16

답 16명

풀이 (지금 버스에 타고 있는 사람 수)
=(버스에 타고 있던 사람 수)−(이번 정류장에서 내린 사람 수)
=20−4=16(명)

44 45

3 덧셈과 뺄셈

46-47쪽

8일 **더 적은 수 구하기**

이것만 알자 **26개보다 7개 더 적게 ➔ 26－7**

예 공책을 승민이는 26권 가지고 있고, 예지는 승민이보다 7권 더 적게 가지고 있습니다. 예지가 가지고 있는 공책은 몇 권일까요?

(예지가 가지고 있는 공책의 수)
＝(승민이가 가지고 있는 공책의 수)－7

식 26－7＝19 답 19권

1 문구점에서 도화지를 어제는 62장 팔았고, 오늘은 어제보다 45장 더 적게 팔았습니다. 문구점에서 오늘 판 도화지는 몇 장일까요?

식 62－45＝17 (어제 판 도화지의 수) 답 17장

풀이 (문구점에서 오늘 판 도화지의 수)
＝(문구점에서 어제 판 도화지의 수)－45
＝62－45＝17(장)

2 체육관에 야구공이 54개 있고, 축구공이 야구공보다 25개 더 적게 있습니다. 체육관에 있는 축구공은 몇 개일까요?

식 54－25＝29 답 29개

풀이 (축구공의 수)
＝(야구공의 수)－25
＝54－25＝29(개)

3. 덧셈과 뺄셈

왼쪽 1, 2번과 같이 문제의 핵심 부분에 색칠하고, 계산해야 하는 두 수에 밑줄을 그어 문제를 풀어 보세요.

정답 10쪽

3 유수는 종이학을 35개 접었고, 선우는 유수보다 9개 더 적게 접었습니다. 선우가 접은 종이학은 몇 개일까요?

식 35－9＝26 답 26개

풀이 (선우가 접은 종이학의 수)
＝(유수가 접은 종이학의 수)－9
＝35－9＝26(개)

4 나무 위에 원숭이가 20마리 있었고, 나무 아래에 원숭이가 나무 위보다 8마리 더 적게 있었습니다. 나무 아래에 있는 원숭이는 몇 마리일까요?

식 20－8＝12 답 12마리

풀이 (나무 아래에 있는 원숭이의 수)
＝(나무 위에 있는 원숭이의 수)－8
＝20－8＝12(마리)

5 서연이는 만화책을 50쪽 읽었고, 주원이는 서연이보다 14쪽 더 적게 읽었습니다. 주원이가 읽은 만화책은 몇 쪽일까요?

식 50－14＝36

답 36쪽

풀이 (주원이가 읽은 만화책의 쪽수)
＝(서연이가 읽은 만화책의 쪽수)－14
＝50－14＝36(쪽)

46 47

48-49쪽

공부한 날짜 월 일

9일 **두 수를 비교하여 차 구하기**

이것만 알자 **83개는 38개보다 얼마나 더 많은가? ➔ 83－38**

예 동물원에 있는 거북의 나이는 83살, 두루미의 나이는 38살입니다. 거북은 두루미보다 몇 살 더 많을까요?

(거북의 나이)－(두루미의 나이)

식 83－38＝45

답 45살

'■는 ●보다 얼마나 더 적을'과 같은 표현이 있으면 ●－■를 이용해요.

1 아름이는 연필을 44자루 가지고 있고, 색연필을 6자루 가지고 있습니다. 아름이가 가지고 있는 연필은 색연필보다 몇 자루 더 많을까요?

식 44－6＝38 (연필의 수, 색연필의 수) 답 38자루

풀이 (연필의 수)－(색연필의 수)
＝44－6＝38(자루)

2 수학 문제를 승호는 40문제 맞혔고, 은주는 22문제 맞혔습니다. 승호는 은주보다 맞힌 문제가 몇 문제 더 많을까요?

식 40－22＝18 답 18문제

풀이 (승호가 맞힌 문제의 수)－(은주가 맞힌 문제의 수)
＝40－22＝18(문제)

3. 덧셈과 뺄셈

왼쪽 1, 2번과 같이 문제의 핵심 부분에 색칠하고, 계산해야 하는 두 수에 밑줄을 그어 문제를 풀어 보세요.

정답 10쪽

3 상자 안에 검은색 바둑돌이 21개 들어 있고, 흰색 바둑돌이 9개 들어 있습니다. 검은색 바둑돌은 흰색 바둑돌보다 몇 개 더 많을까요?

식 21－9＝12

답 12개

풀이 (검은색 바둑돌의 수)－(흰색 바둑돌의 수)
＝21－9＝12(개)

4 진우는 윗몸 말아 올리기를 어제는 70번 했고, 오늘은 48번 했습니다. 진우가 어제 한 윗몸 말아 올리기는 오늘보다 몇 번 더 많을까요?

식 70－48＝22 답 22번

풀이 (어제 한 윗몸 말아 올리기 횟수)－(오늘 한 윗몸 말아 올리기 횟수)
＝70－48＝22(번)

5 빵 가게에 단팥빵이 52개, 크림빵이 34개 진열되어 있습니다. 빵 가게에 진열되어 있는 크림빵은 단팥빵보다 몇 개 더 적을까요?

식 52－34＝18 답 18개

풀이 (단팥빵의 수)－(크림빵의 수)
＝52－34＝18(개)

48 49

50-51쪽

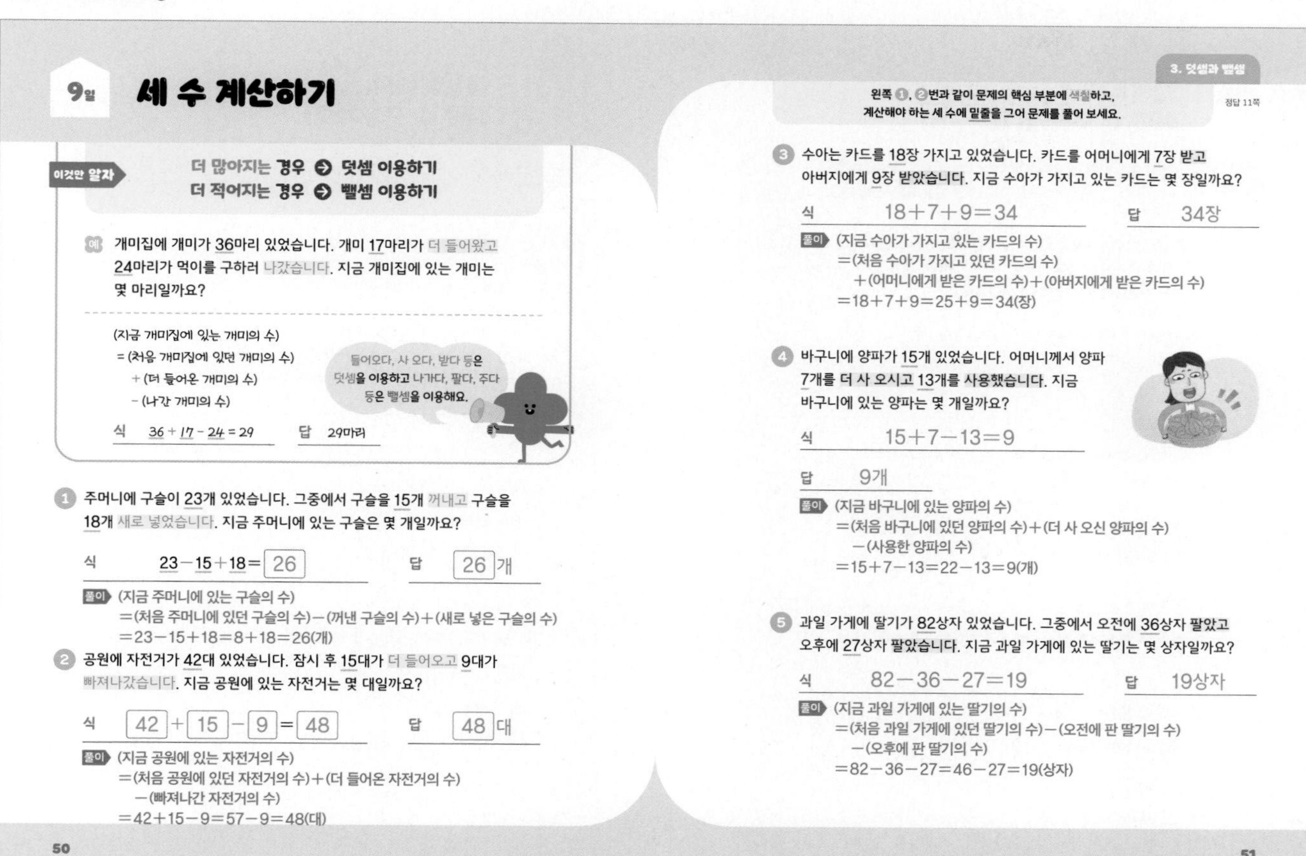

9일 **세 수 계산하기**

이것만 알자 더 많아지는 경우 ➔ 덧셈 이용하기
더 적어지는 경우 ➔ 뺄셈 이용하기

예 개미집에 개미가 36마리 있었습니다. 개미 17마리가 더 들어왔고 24마리가 먹이를 구하러 나갔습니다. 지금 개미집에 있는 개미는 몇 마리일까요?

(지금 개미집에 있는 개미의 수)
=(처음 개미집에 있던 개미의 수)
+(더 들어온 개미의 수)
-(나간 개미의 수)

들어오다, 사 오다, 받다 등은 덧셈을 이용하고 나가다, 팔다, 주다 등은 뺄셈을 이용해요.

식 36+17-24=29 답 29마리

1 주머니에 구슬이 23개 있었습니다. 그중에서 구슬을 15개 꺼내고 구슬을 18개 새로 넣었습니다. 지금 주머니에 있는 구슬은 몇 개일까요?

식 23-15+18=26 답 26개

풀이 (지금 주머니에 있는 구슬의 수)
=(처음 주머니에 있던 구슬의 수)-(꺼낸 구슬의 수)+(새로 넣은 구슬의 수)
=23-15+18=8+18=26(개)

2 공원에 자전거가 42대 있었습니다. 잠시 후 15대가 더 들어오고 9대가 빠져나갔습니다. 지금 공원에 있는 자전거는 몇 대일까요?

식 42+15-9=48 답 48대

풀이 (지금 공원에 있는 자전거의 수)
=(처음 공원에 있던 자전거의 수)+(더 들어온 자전거의 수)
-(빠져나간 자전거의 수)
=42+15-9=57-9=48(대)

50

3. 덧셈과 뺄셈

왼쪽 1, 2번과 같이 문제의 핵심 부분에 색칠하고, 계산해야 하는 세 수에 밑줄을 그어 문제를 풀어 보세요.

정답 11쪽

3 수아는 카드를 18장 가지고 있었습니다. 카드를 어머니에게 7장 받고 아버지에게 9장 받았습니다. 지금 수아가 가지고 있는 카드는 몇 장일까요?

식 18+7+9=34 답 34장

풀이 (지금 수아가 가지고 있는 카드의 수)
=(처음 수아가 가지고 있던 카드의 수)
+(어머니에게 받은 카드의 수)+(아버지에게 받은 카드의 수)
=18+7+9=25+9=34(장)

4 바구니에 양파가 15개 있었습니다. 어머니께서 양파 7개를 더 사 오시고 13개를 사용했습니다. 지금 바구니에 있는 양파는 몇 개일까요?

식 15+7-13=9

답 9개

풀이 (지금 바구니에 있는 양파의 수)
=(처음 바구니에 있던 양파의 수)+(더 사 오신 양파의 수)
-(사용한 양파의 수)
=15+7-13=22-13=9(개)

5 과일 가게에 딸기가 82상자 있었습니다. 그중에서 오전에 36상자 팔았고 오후에 27상자 팔았습니다. 지금 과일 가게에 있는 딸기는 몇 상자일까요?

식 82-36-27=19 답 19상자

풀이 (지금 과일 가게에 있는 딸기의 수)
=(처음 과일 가게에 있던 딸기의 수)-(오전에 판 딸기의 수)
-(오후에 판 딸기의 수)
=82-36-27=46-27=19(상자)

51

52-53쪽

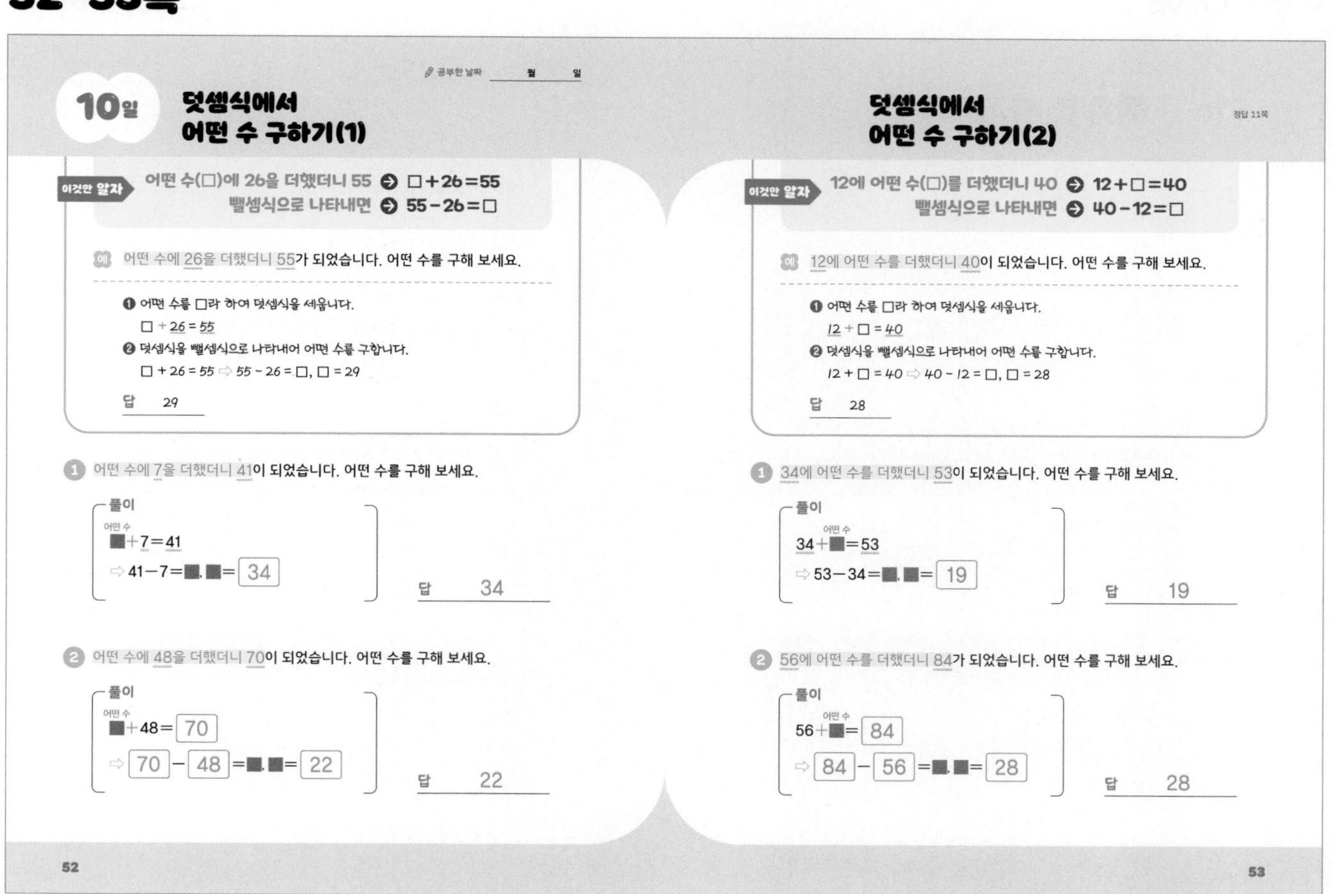

공부한 날짜 월 일

10일 **덧셈식에서 어떤 수 구하기(1)**

이것만 알자 어떤 수(□)에 26을 더했더니 55 ➔ □+26=55
뺄셈식으로 나타내면 ➔ 55-26=□

예 어떤 수에 26을 더했더니 55가 되었습니다. 어떤 수를 구해 보세요.

❶ 어떤 수를 □라 하여 덧셈식을 세웁니다.
□+26=55
❷ 덧셈식을 뺄셈식으로 나타내어 어떤 수를 구합니다.
□+26=55 ⇨ 55-26=□, □=29

답 29

1 어떤 수에 7을 더했더니 41이 되었습니다. 어떤 수를 구해 보세요.

풀이
어떤 수
■+7=41
⇨ 41-7=■, ■=34

답 34

2 어떤 수에 48을 더했더니 70이 되었습니다. 어떤 수를 구해 보세요.

풀이
어떤 수
■+48=70
⇨ 70-48=■, ■=22

답 22

52

덧셈식에서 어떤 수 구하기(2)

정답 11쪽

이것만 알자 12에 어떤 수(□)를 더했더니 40 ➔ 12+□=40
뺄셈식으로 나타내면 ➔ 40-12=□

예 12에 어떤 수를 더했더니 40이 되었습니다. 어떤 수를 구해 보세요.

❶ 어떤 수를 □라 하여 덧셈식을 세웁니다.
12+□=40
❷ 덧셈식을 뺄셈식으로 나타내어 어떤 수를 구합니다.
12+□=40 ⇨ 40-12=□, □=28

답 28

1 34에 어떤 수를 더했더니 53이 되었습니다. 어떤 수를 구해 보세요.

풀이
어떤 수
34+■=53
⇨ 53-34=■, ■=19

답 19

2 56에 어떤 수를 더했더니 84가 되었습니다. 어떤 수를 구해 보세요.

풀이
어떤 수
56+■=84
⇨ 84-56=■, ■=28

답 28

53

54-55쪽

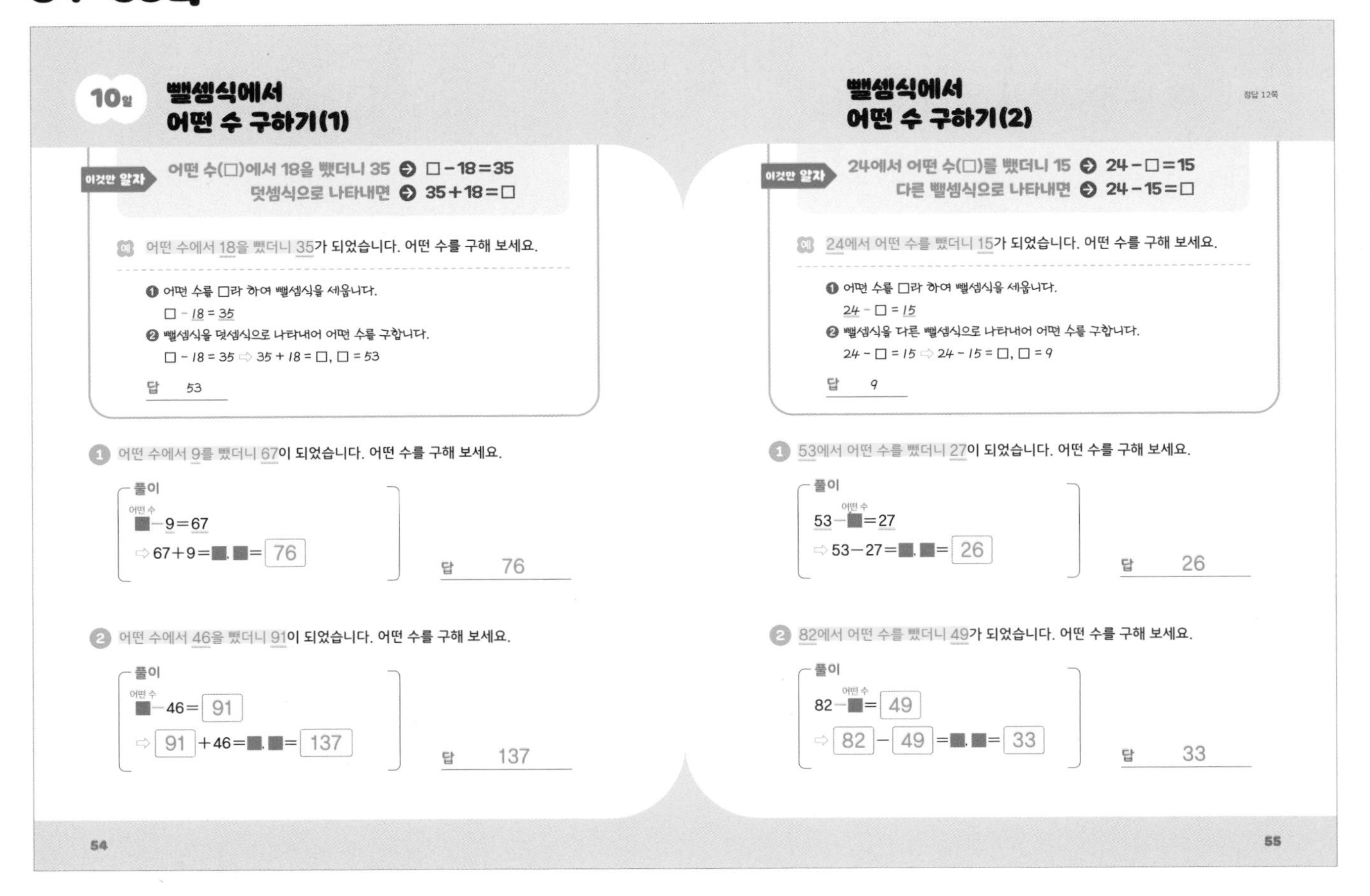

10일 뺄셈식에서 어떤 수 구하기(1)

이것만 알자 어떤 수(□)에서 18을 뺐더니 35 ➔ □−18=35
덧셈식으로 나타내면 ➔ 35+18=□

예 어떤 수에서 18을 뺐더니 35가 되었습니다. 어떤 수를 구해 보세요.

❶ 어떤 수를 □라 하여 뺄셈식을 세웁니다.
□ − 18 = 35
❷ 뺄셈식을 덧셈식으로 나타내어 어떤 수를 구합니다.
□ − 18 = 35 ⇨ 35 + 18 = □, □ = 53

답 53

1 어떤 수에서 9를 뺐더니 67이 되었습니다. 어떤 수를 구해 보세요.

풀이
어떤 수
■−9=67
⇨ 67+9=■, ■= 76

답 76

2 어떤 수에서 46을 뺐더니 91이 되었습니다. 어떤 수를 구해 보세요.

풀이
어떤 수
■−46= 91
⇨ 91 +46=■, ■= 137

답 137

뺄셈식에서 어떤 수 구하기(2)

정답 12쪽

이것만 알자 24에서 어떤 수(□)를 뺐더니 15 ➔ 24−□=15
다른 뺄셈식으로 나타내면 ➔ 24−15=□

예 24에서 어떤 수를 뺐더니 15가 되었습니다. 어떤 수를 구해 보세요.

❶ 어떤 수를 □라 하여 뺄셈식을 세웁니다.
24 − □ = 15
❷ 뺄셈식을 다른 뺄셈식으로 나타내어 어떤 수를 구합니다.
24 − □ = 15 ⇨ 24 − 15 = □, □ = 9

답 9

1 53에서 어떤 수를 뺐더니 27이 되었습니다. 어떤 수를 구해 보세요.

풀이
어떤 수
53−■=27
⇨ 53−27=■, ■= 26

답 26

2 82에서 어떤 수를 뺐더니 49가 되었습니다. 어떤 수를 구해 보세요.

풀이
어떤 수
82−■= 49
⇨ 82 − 49 =■, ■= 33

답 33

54 55

56-57쪽

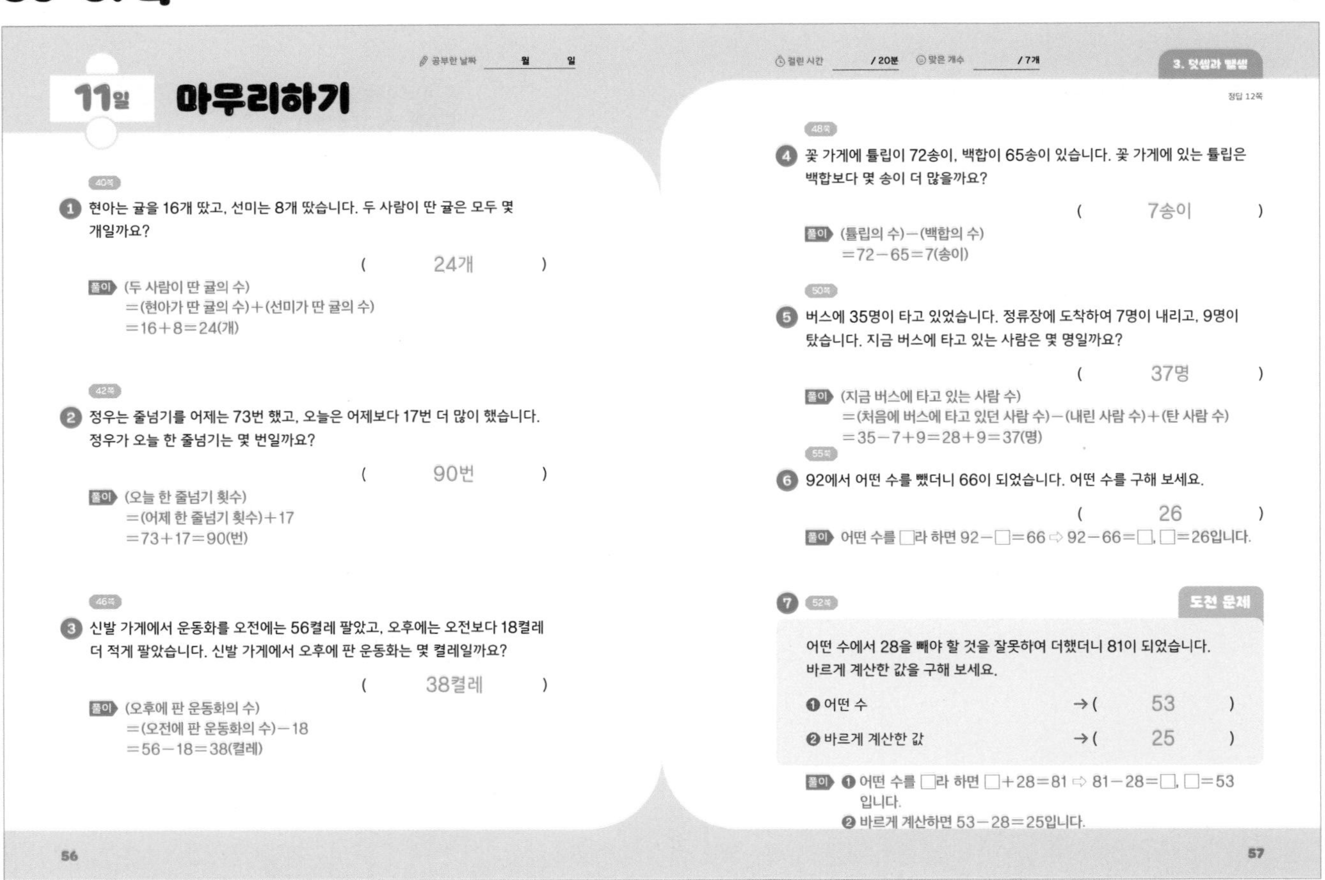

공부한 날짜 월 일 걸린 시간 /20분 맞은 개수 /7개 3. 덧셈과 뺄셈

11일 마무리하기

정답 12쪽

40쪽
1 현아는 귤을 16개 땄고, 선미는 8개 땄습니다. 두 사람이 딴 귤은 모두 몇 개일까요?

(24개)

풀이 (두 사람이 딴 귤의 수)
=(현아가 딴 귤의 수)+(선미가 딴 귤의 수)
=16+8=24(개)

42쪽
2 정우는 줄넘기를 어제는 73번 했고, 오늘은 어제보다 17번 더 많이 했습니다. 정우가 오늘 한 줄넘기는 몇 번일까요?

(90번)

풀이 (오늘 한 줄넘기 횟수)
=(어제 한 줄넘기 횟수)+17
=73+17=90(번)

46쪽
3 신발 가게에서 운동화를 오전에는 56켤레 팔았고, 오후에는 오전보다 18켤레 더 적게 팔았습니다. 신발 가게에서 오후에 판 운동화는 몇 켤레일까요?

(38켤레)

풀이 (오후에 판 운동화의 수)
=(오전에 판 운동화의 수)−18
=56−18=38(켤레)

48쪽
4 꽃 가게에 튤립이 72송이, 백합이 65송이 있습니다. 꽃 가게에 있는 튤립은 백합보다 몇 송이 더 많을까요?

(7송이)

풀이 (튤립의 수)−(백합의 수)
=72−65=7(송이)

50쪽
5 버스에 35명이 타고 있었습니다. 정류장에 도착하여 7명이 내리고, 9명이 탔습니다. 지금 버스에 타고 있는 사람은 몇 명일까요?

(37명)

풀이 (지금 버스에 타고 있는 사람 수)
=(처음에 버스에 타고 있던 사람 수)−(내린 사람 수)+(탄 사람 수)
=35−7+9=28+9=37(명)

55쪽
6 92에서 어떤 수를 뺐더니 66이 되었습니다. 어떤 수를 구해 보세요.

(26)

풀이 어떤 수를 □라 하면 92−□=66 ⇨ 92−66=□, □=26입니다.

7 52쪽 도전 문제

어떤 수에서 28을 빼야 할 것을 잘못하여 더했더니 81이 되었습니다. 바르게 계산한 값을 구해 보세요.

❶ 어떤 수 →(53)
❷ 바르게 계산한 값 →(25)

풀이 ❶ 어떤 수를 □라 하면 □+28=81 ⇨ 81−28=□, □=53 입니다.
❷ 바르게 계산하면 53−28=25입니다.

56 57

4 길이 재기

60-61쪽

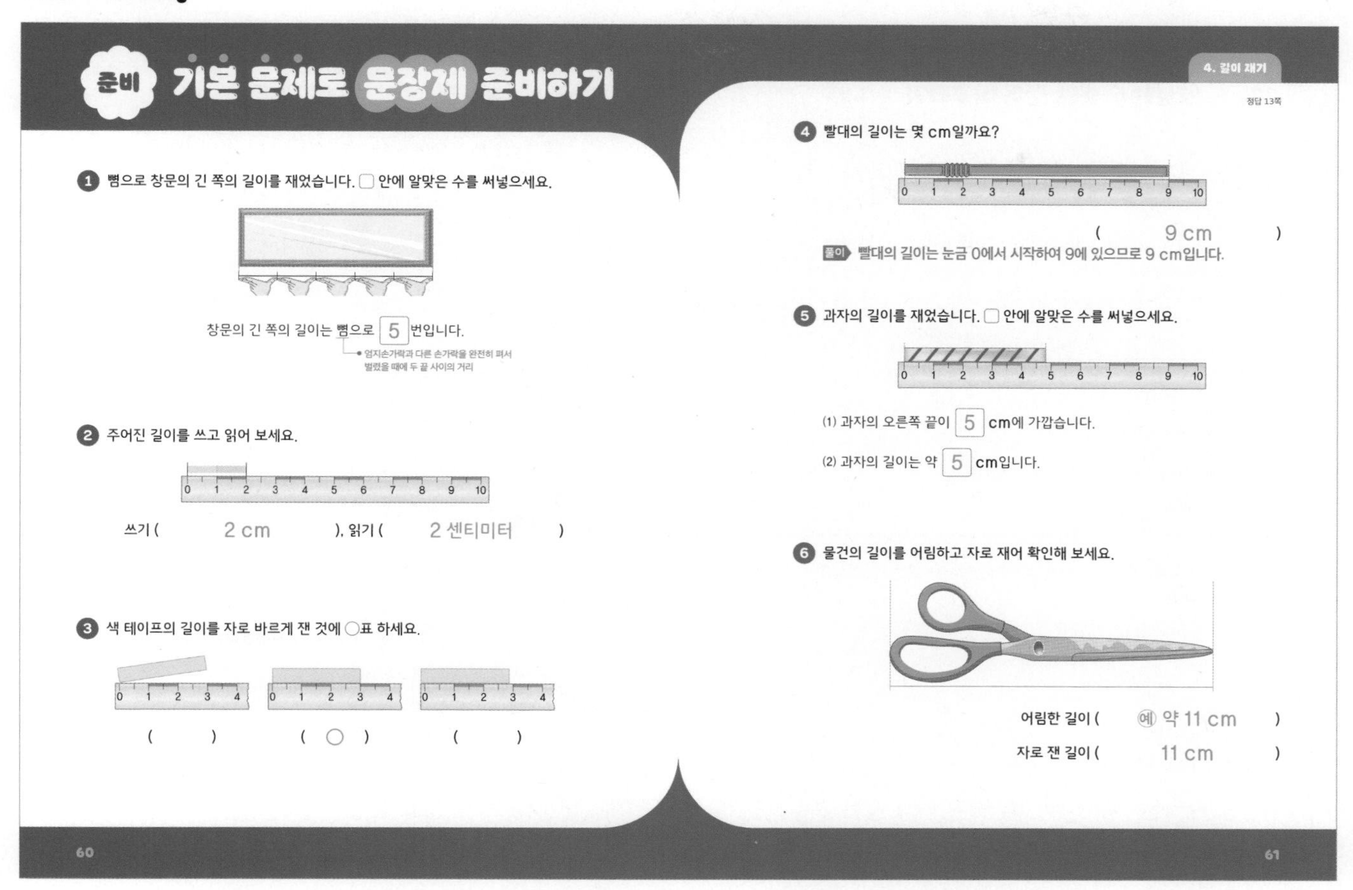

준비 기본 문제로 문장제 준비하기

4. 길이 재기

정답 13쪽

1 뼘으로 창문의 긴 쪽의 길이를 재었습니다. □ 안에 알맞은 수를 써넣으세요.

창문의 긴 쪽의 길이는 뼘으로 [5]번입니다.

• 엄지손가락과 다른 손가락을 완전히 펴서 벌렸을 때에 두 끝 사이의 거리

2 주어진 길이를 쓰고 읽어 보세요.

쓰기 (2 cm), 읽기 (2 센티미터)

3 색 테이프의 길이를 자로 바르게 잰 것에 ○표 하세요.

( ) (○) ( )

4 빨대의 길이는 몇 cm일까요?

(9 cm)

풀이 빨대의 길이는 눈금 0에서 시작하여 9에 있으므로 9 cm입니다.

5 과자의 길이를 재었습니다. □ 안에 알맞은 수를 써넣으세요.

(1) 과자의 오른쪽 끝이 [5] cm에 가깝습니다.

(2) 과자의 길이는 약 [5] cm입니다.

6 물건의 길이를 어림하고 자로 재어 확인해 보세요.

어림한 길이 (예 약 11 cm)

자로 잰 길이 (11 cm)

60 61

62-63쪽

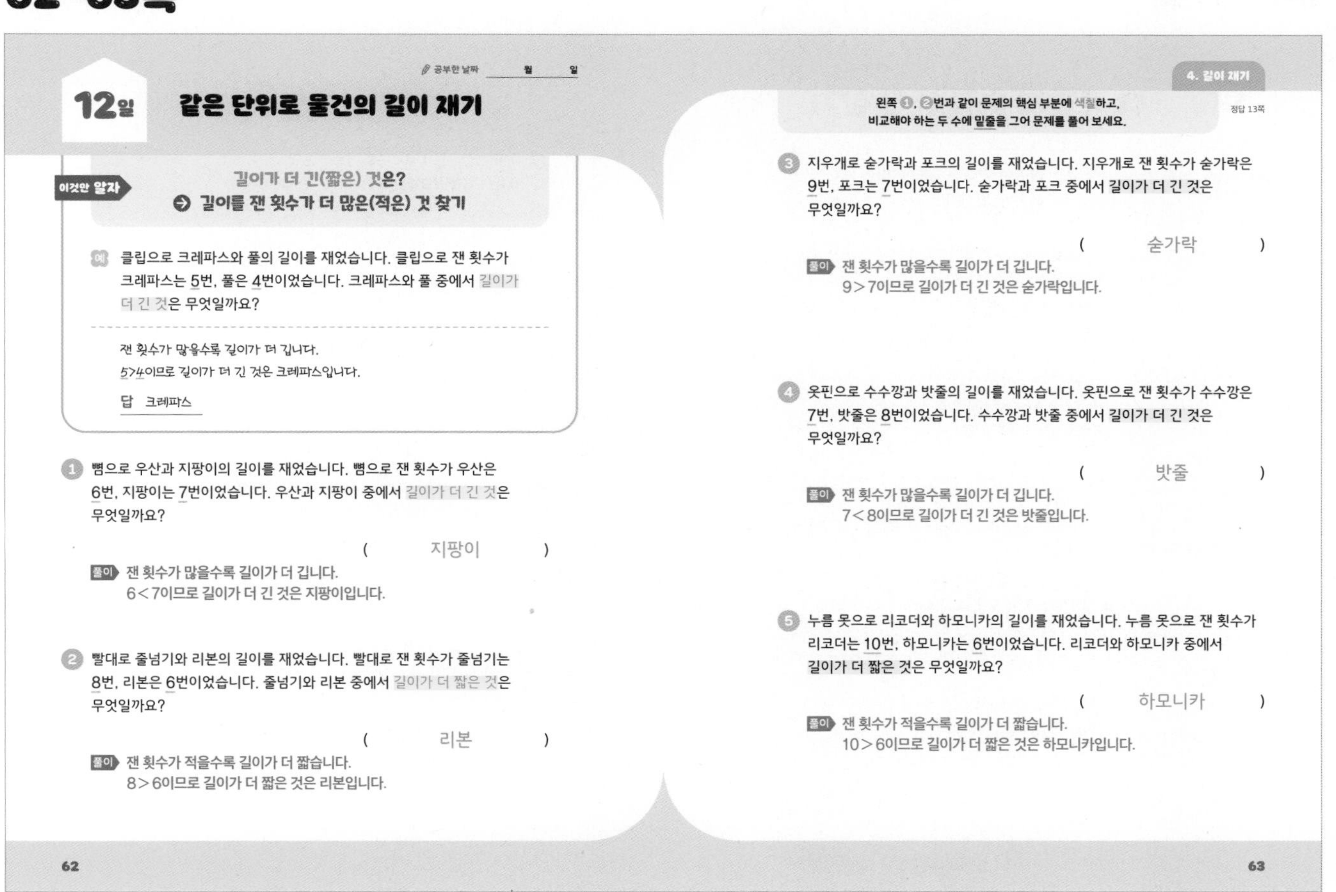

공부한 날짜 월 일

12일 같은 단위로 물건의 길이 재기

4. 길이 재기

정답 13쪽

이것만 알자 길이가 더 긴(짧은) 것은?
➔ 길이를 잰 횟수가 더 많은(적은) 것 찾기

예 클립으로 크레파스와 풀의 길이를 재었습니다. 클립으로 잰 횟수가 크레파스는 5번, 풀은 4번이었습니다. 크레파스와 풀 중에서 길이가 더 긴 것은 무엇일까요?

잰 횟수가 많을수록 길이가 더 깁니다.
5>4이므로 길이가 더 긴 것은 크레파스입니다.

답 크레파스

1 뼘으로 우산과 지팡이의 길이를 재었습니다. 뼘으로 잰 횟수가 우산은 6번, 지팡이는 7번이었습니다. 우산과 지팡이 중에서 길이가 더 긴 것은 무엇일까요?

(지팡이)

풀이 잰 횟수가 많을수록 길이가 더 깁니다.
6<7이므로 길이가 더 긴 것은 지팡이입니다.

2 빨대로 줄넘기와 리본의 길이를 재었습니다. 빨대로 잰 횟수가 줄넘기는 8번, 리본은 6번이었습니다. 줄넘기와 리본 중에서 길이가 더 짧은 것은 무엇일까요?

(리본)

풀이 잰 횟수가 적을수록 길이가 더 짧습니다.
8>6이므로 길이가 더 짧은 것은 리본입니다.

왼쪽 1, 2번과 같이 문제의 핵심 부분에 색칠하고, 비교해야 하는 두 수에 밑줄을 그어 문제를 풀어 보세요.

3 지우개로 숟가락과 포크의 길이를 재었습니다. 지우개로 잰 횟수가 숟가락은 9번, 포크는 7번이었습니다. 숟가락과 포크 중에서 길이가 더 긴 것은 무엇일까요?

(숟가락)

풀이 잰 횟수가 많을수록 길이가 더 깁니다.
9>7이므로 길이가 더 긴 것은 숟가락입니다.

4 옷핀으로 수수깡과 밧줄의 길이를 재었습니다. 옷핀으로 잰 횟수가 수수깡은 7번, 밧줄은 8번이었습니다. 수수깡과 밧줄 중에서 길이가 더 긴 것은 무엇일까요?

(밧줄)

풀이 잰 횟수가 많을수록 길이가 더 깁니다.
7<8이므로 길이가 더 긴 것은 밧줄입니다.

5 누름 못으로 리코더와 하모니카의 길이를 재었습니다. 누름 못으로 잰 횟수가 리코더는 10번, 하모니카는 6번이었습니다. 리코더와 하모니카 중에서 길이가 더 짧은 것은 무엇일까요?

(하모니카)

풀이 잰 횟수가 적을수록 길이가 더 짧습니다.
10>6이므로 길이가 더 짧은 것은 하모니카입니다.

62 63

4 길이 재기

64-65쪽

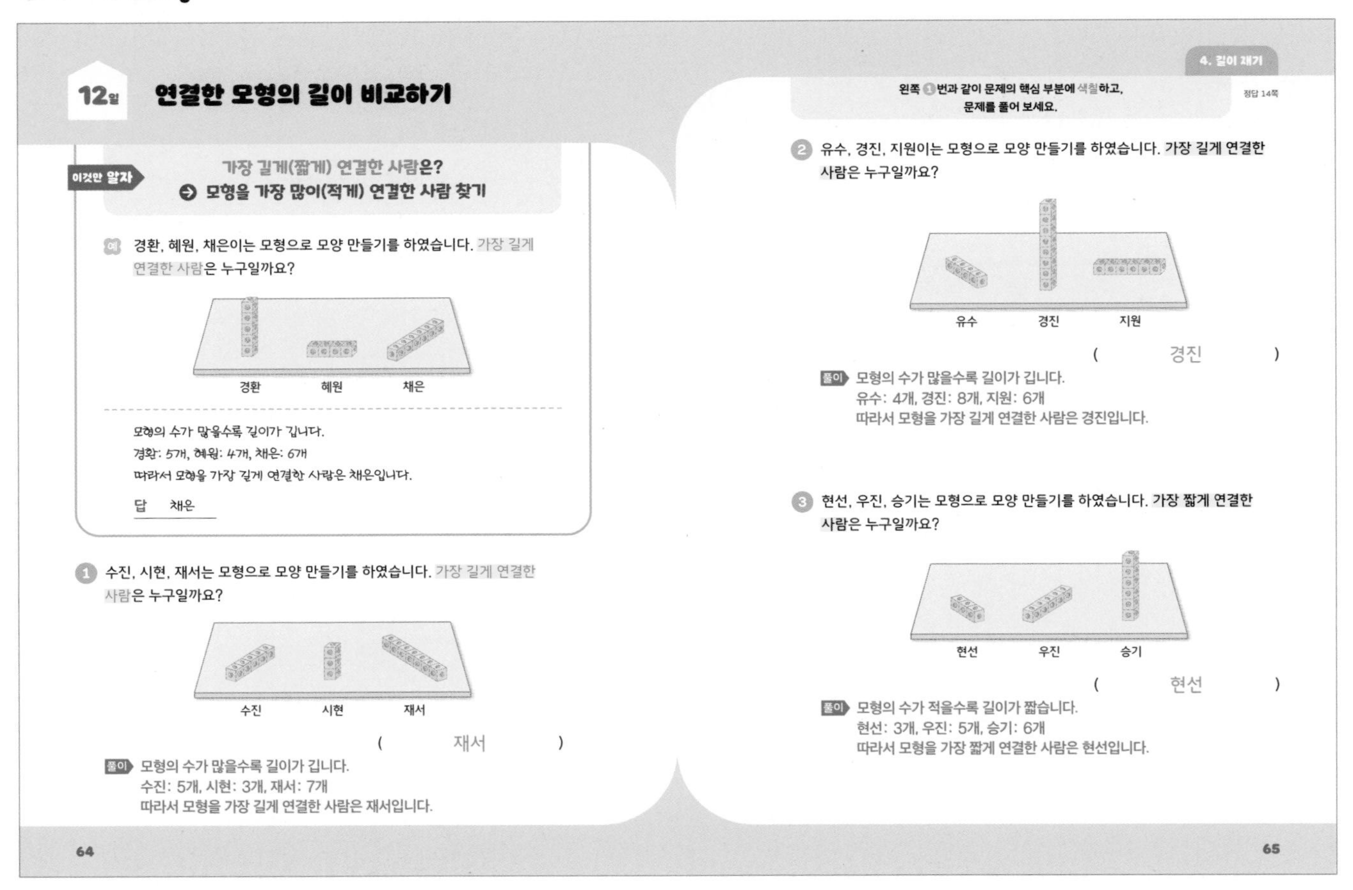

12일 연결한 모형의 길이 비교하기

이것만 알자 가장 길게(짧게) 연결한 사람은? ➔ 모형을 가장 많이(적게) 연결한 사람 찾기

예 경환, 혜원, 채은이는 모형으로 모양 만들기를 하였습니다. 가장 길게 연결한 사람은 누구일까요?

경환 혜원 채은

모형의 수가 많을수록 길이가 깁니다.
경환: 5개, 혜원: 4개, 채은: 6개
따라서 모형을 가장 길게 연결한 사람은 채은입니다.

답 채은

1 수진, 시현, 재서는 모형으로 모양 만들기를 하였습니다. 가장 길게 연결한 사람은 누구일까요?

수진 시현 재서

(재서)

풀이 모형의 수가 많을수록 길이가 깁니다.
수진: 5개, 시현: 3개, 재서: 7개
따라서 모형을 가장 길게 연결한 사람은 재서입니다.

64

4. 길이 재기

왼쪽 1번과 같이 문제의 핵심 부분에 색칠하고, 문제를 풀어 보세요. 정답 14쪽

2 유수, 경진, 지원이는 모형으로 모양 만들기를 하였습니다. 가장 길게 연결한 사람은 누구일까요?

유수 경진 지원

(경진)

풀이 모형의 수가 많을수록 길이가 깁니다.
유수: 4개, 경진: 8개, 지원: 6개
따라서 모형을 가장 길게 연결한 사람은 경진입니다.

3 현선, 우진, 승기는 모형으로 모양 만들기를 하였습니다. 가장 짧게 연결한 사람은 누구일까요?

현선 우진 승기

(현선)

풀이 모형의 수가 적을수록 길이가 짧습니다.
현선: 3개, 우진: 5개, 승기: 6개
따라서 모형을 가장 짧게 연결한 사람은 현선입니다.

65

66-67쪽

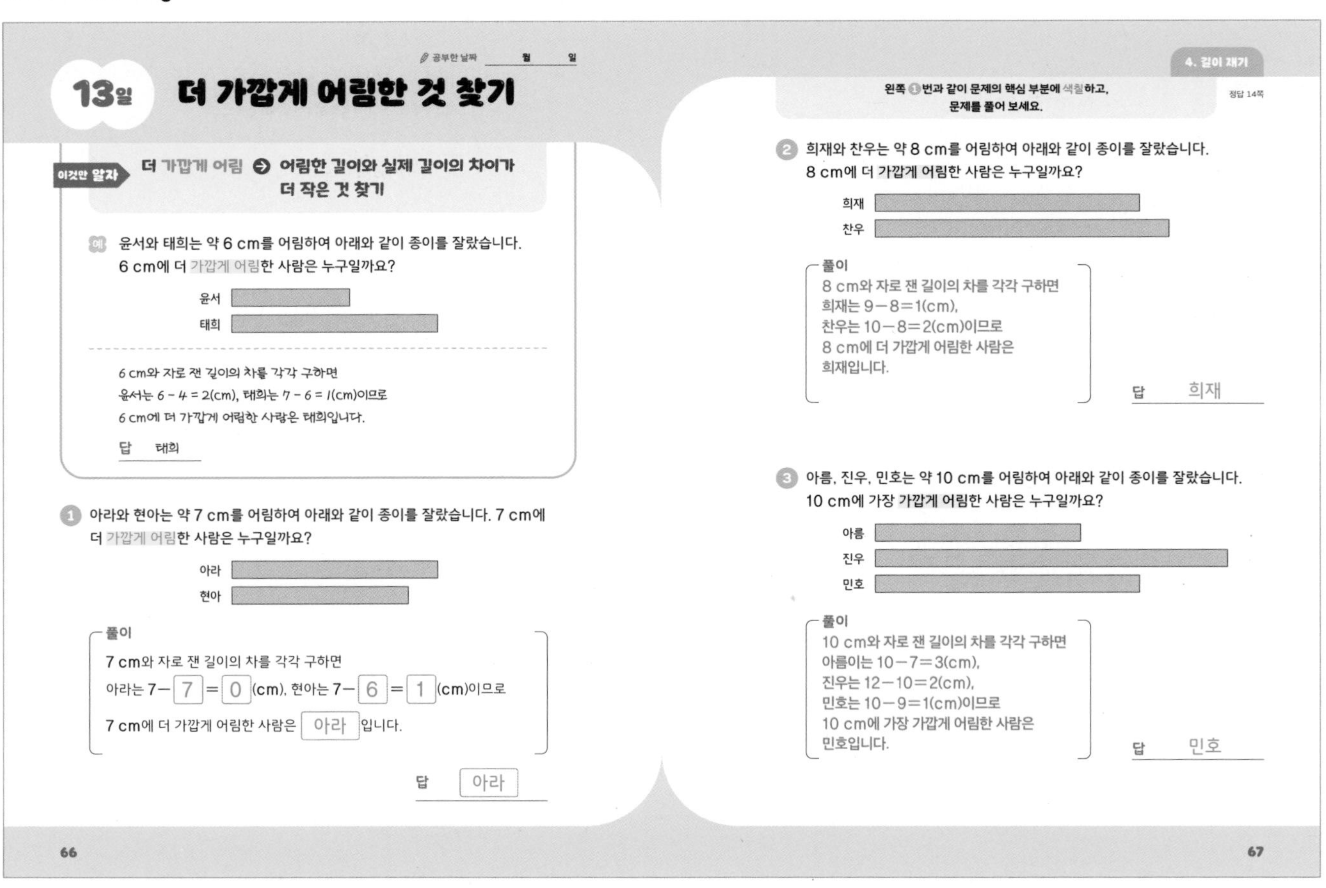

공부한 날짜 월 일

13일 더 가깝게 어림한 것 찾기

이것만 알자 더 가깝게 어림 ➔ 어림한 길이와 실제 길이의 차이가 더 작은 것 찾기

예 윤서와 태희는 약 6 cm를 어림하여 아래와 같이 종이를 잘랐습니다. 6 cm에 더 가깝게 어림한 사람은 누구일까요?

윤서 태희

6 cm와 자로 잰 길이의 차를 각각 구하면
윤서는 6 − 4 = 2(cm), 태희는 7 − 6 = 1(cm)이므로
6 cm에 더 가깝게 어림한 사람은 태희입니다.

답 태희

1 아라와 현아는 약 7 cm를 어림하여 아래와 같이 종이를 잘랐습니다. 7 cm에 더 가깝게 어림한 사람은 누구일까요?

아라 현아

풀이
7 cm와 자로 잰 길이의 차를 각각 구하면
아라는 7 − 7 = 0 (cm), 현아는 7 − 6 = 1 (cm)이므로
7 cm에 더 가깝게 어림한 사람은 아라 입니다.

답 아라

66

4. 길이 재기

왼쪽 1번과 같이 문제의 핵심 부분에 색칠하고, 문제를 풀어 보세요. 정답 14쪽

2 희재와 찬우는 약 8 cm를 어림하여 아래와 같이 종이를 잘랐습니다. 8 cm에 더 가깝게 어림한 사람은 누구일까요?

희재 찬우

풀이
8 cm와 자로 잰 길이의 차를 각각 구하면
희재는 9 − 8 = 1(cm),
찬우는 10 − 8 = 2(cm)이므로
8 cm에 더 가깝게 어림한 사람은
희재입니다.

답 희재

3 아름, 진우, 민호는 약 10 cm를 어림하여 아래와 같이 종이를 잘랐습니다. 10 cm에 가장 가깝게 어림한 사람은 누구일까요?

아름 진우 민호

풀이
10 cm와 자로 잰 길이의 차를 각각 구하면
아름이는 10 − 7 = 3(cm),
진우는 12 − 10 = 2(cm),
민호는 10 − 9 = 1(cm)이므로
10 cm에 가장 가깝게 어림한 사람은
민호입니다.

답 민호

67

68-69쪽

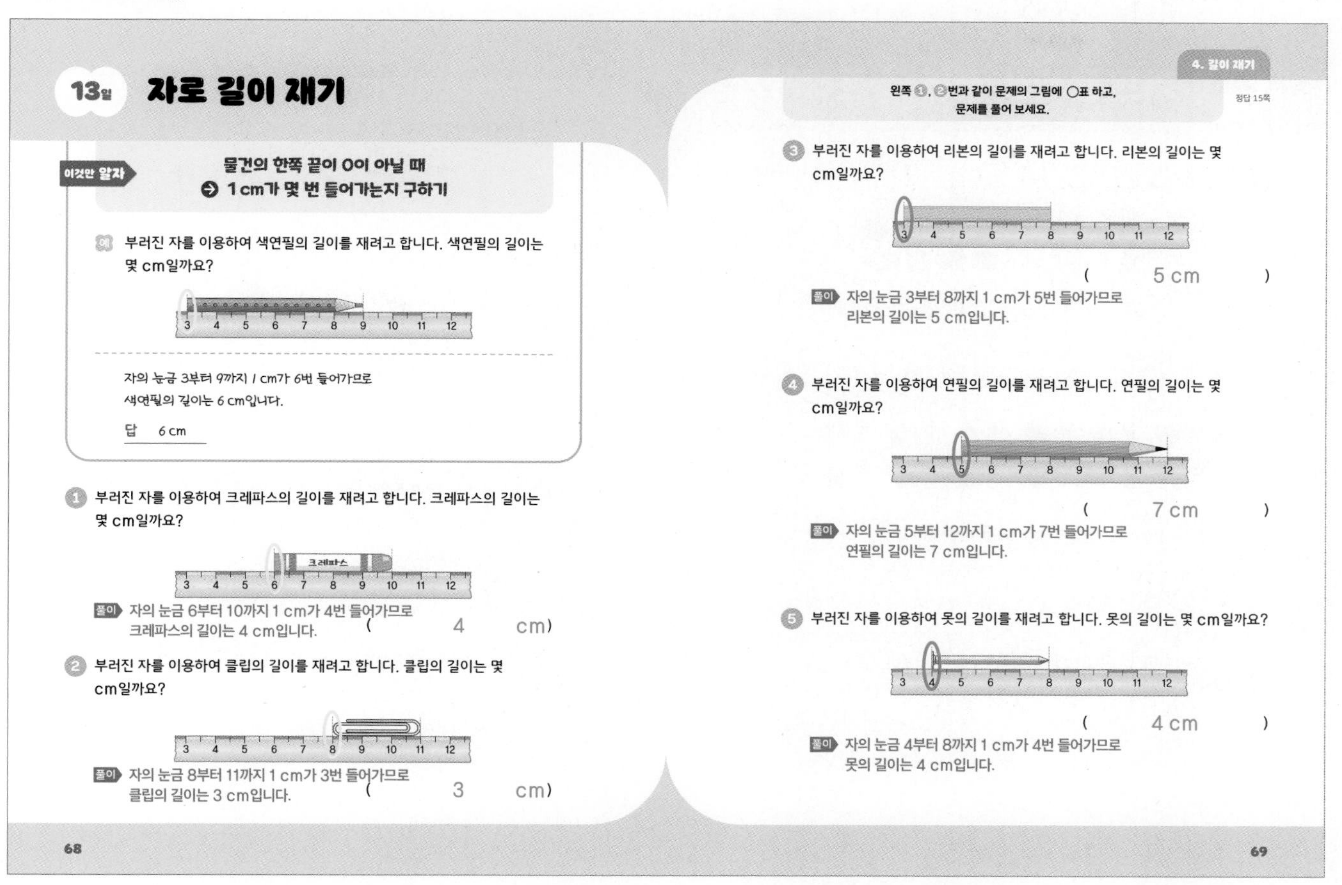

13일 자로 길이 재기

이것만 알자 물건의 한쪽 끝이 0이 아닐 때 → 1 cm가 몇 번 들어가는지 구하기

예 부러진 자를 이용하여 색연필의 길이를 재려고 합니다. 색연필의 길이는 몇 cm일까요?

자의 눈금 3부터 9까지 1 cm가 6번 들어가므로 색연필의 길이는 6 cm입니다.

답 6 cm

1 부러진 자를 이용하여 크레파스의 길이를 재려고 합니다. 크레파스의 길이는 몇 cm일까요?

(4 cm)

풀이 자의 눈금 6부터 10까지 1 cm가 4번 들어가므로 크레파스의 길이는 4 cm입니다.

2 부러진 자를 이용하여 클립의 길이를 재려고 합니다. 클립의 길이는 몇 cm일까요?

(3 cm)

풀이 자의 눈금 8부터 11까지 1 cm가 3번 들어가므로 클립의 길이는 3 cm입니다.

4. 길이 재기

왼쪽 1, 2번과 같이 문제의 그림에 ○표 하고, 문제를 풀어 보세요.

정답 15쪽

3 부러진 자를 이용하여 리본의 길이를 재려고 합니다. 리본의 길이는 몇 cm일까요?

(5 cm)

풀이 자의 눈금 3부터 8까지 1 cm가 5번 들어가므로 리본의 길이는 5 cm입니다.

4 부러진 자를 이용하여 연필의 길이를 재려고 합니다. 연필의 길이는 몇 cm일까요?

(7 cm)

풀이 자의 눈금 5부터 12까지 1 cm가 7번 들어가므로 연필의 길이는 7 cm입니다.

5 부러진 자를 이용하여 못의 길이를 재려고 합니다. 못의 길이는 몇 cm일까요?

(4 cm)

풀이 자의 눈금 4부터 8까지 1 cm가 4번 들어가므로 못의 길이는 4 cm입니다.

68 69

70-71쪽

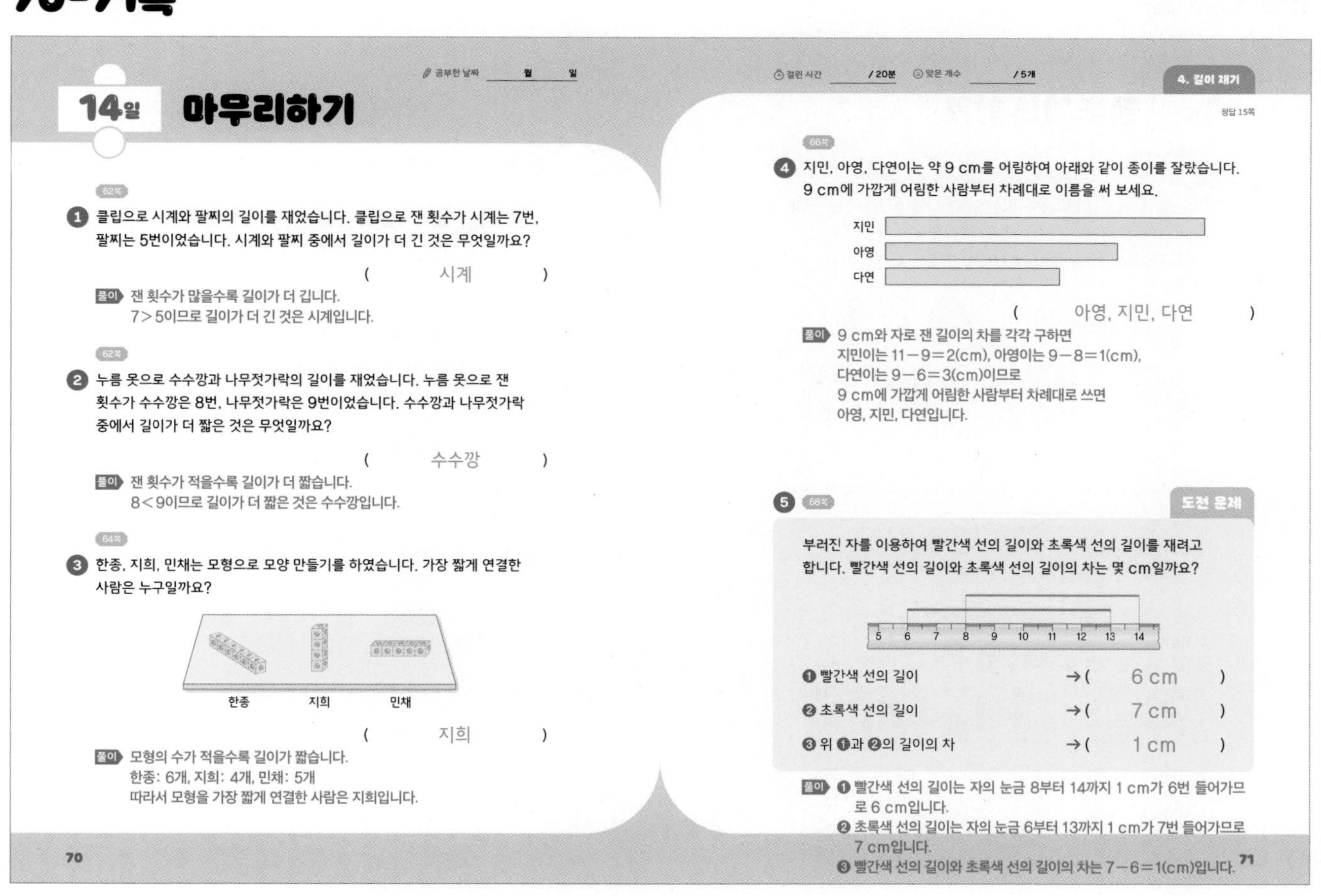

14일 마무리하기

공부한 날짜 월 일 걸린 시간 / 20분 맞은 개수 / 5개

4. 길이 재기

정답 15쪽

62쪽

1 클립으로 시계와 팔찌의 길이를 재었습니다. 클립으로 잰 횟수가 시계는 7번, 팔찌는 5번이었습니다. 시계와 팔찌 중에서 길이가 더 긴 것은 무엇일까요?

(시계)

풀이 잰 횟수가 많을수록 길이가 더 깁니다. 7>5이므로 길이가 더 긴 것은 시계입니다.

62쪽

2 누름 못으로 수수깡과 나무젓가락의 길이를 재었습니다. 누름 못으로 잰 횟수가 수수깡은 8번, 나무젓가락은 9번이었습니다. 수수깡과 나무젓가락 중에서 길이가 더 짧은 것은 무엇일까요?

(수수깡)

풀이 잰 횟수가 적을수록 길이가 더 짧습니다. 8<9이므로 길이가 더 짧은 것은 수수깡입니다.

64쪽

3 한종, 지희, 민채는 모형으로 모양 만들기를 하였습니다. 가장 짧게 연결한 사람은 누구일까요?

한종 지희 민채

(지희)

풀이 모형의 수가 적을수록 길이가 짧습니다. 한종: 6개, 지희: 4개, 민채: 5개 따라서 모형을 가장 짧게 연결한 사람은 지희입니다.

66쪽

4 지민, 아영, 다연이는 약 9 cm를 어림하여 아래와 같이 종이를 잘랐습니다. 9 cm에 가깝게 어림한 사람부터 차례대로 이름을 써 보세요.

지민 아영 다연

(아영, 지민, 다연)

풀이 9 cm와 자로 잰 길이의 차를 각각 구하면 지민이는 11−9=2(cm), 아영이는 9−8=1(cm), 다연이는 9−6=3(cm)이므로 9 cm에 가깝게 어림한 사람부터 차례대로 쓰면 아영, 지민, 다연입니다.

5 68쪽 도전 문제

부러진 자를 이용하여 빨간색 선의 길이와 초록색 선의 길이를 재려고 합니다. 빨간색 선의 길이와 초록색 선의 길이의 차는 몇 cm일까요?

❶ 빨간색 선의 길이 →(6 cm)

❷ 초록색 선의 길이 →(7 cm)

❸ 위 ❶과 ❷의 길이의 차 →(1 cm)

풀이 ❶ 빨간색 선의 길이는 자의 눈금 8부터 14까지 1 cm가 6번 들어가므로 6 cm입니다.
❷ 초록색 선의 길이는 자의 눈금 6부터 13까지 1 cm가 7번 들어가므로 7 cm입니다.
❸ 빨간색 선의 길이와 초록색 선의 길이의 차는 7−6=1(cm)입니다.

70 71

5 분류하기

74-75쪽

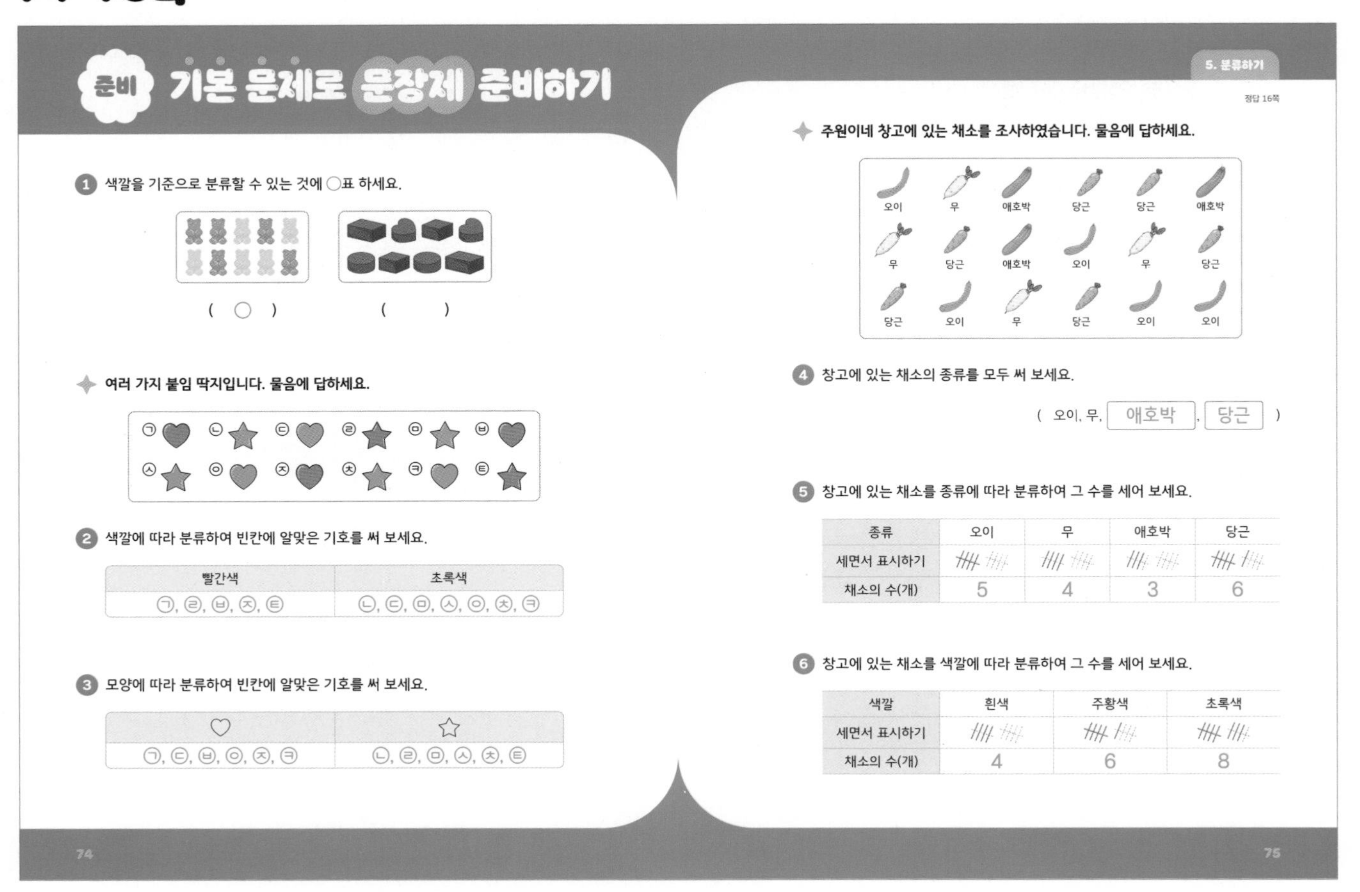

준비 기본 문제로 문장제 준비하기

5. 분류하기

정답 16쪽

1 색깔을 기준으로 분류할 수 있는 것에 ○표 하세요.

(○) ( )

✦ 여러 가지 붙임 딱지입니다. 물음에 답하세요.

2 색깔에 따라 분류하여 빈칸에 알맞은 기호를 써 보세요.

빨간색	초록색
㉠, ㉣, ㉥, ㉧, ㉪	㉡, ㉢, ㉤, ㉦, ㉧, ㉨, ㉩

3 모양에 따라 분류하여 빈칸에 알맞은 기호를 써 보세요.

♡	☆
㉠, ㉢, ㉥, ㉧, ㉨, ㉩	㉡, ㉣, ㉤, ㉦, ㉨, ㉪

✦ 주원이네 창고에 있는 채소를 조사하였습니다. 물음에 답하세요.

4 창고에 있는 채소의 종류를 모두 써 보세요.

(오이, 무, 애호박, 당근)

5 창고에 있는 채소를 종류에 따라 분류하여 그 수를 세어 보세요.

종류	오이	무	애호박	당근
세면서 표시하기	////	////	///	////̸ /
채소의 수(개)	5	4	3	6

6 창고에 있는 채소를 색깔에 따라 분류하여 그 수를 세어 보세요.

색깔	흰색	주황색	초록색
세면서 표시하기	////	////̸ /	////̸ ///
채소의 수(개)	4	6	8

74 75

76-77쪽

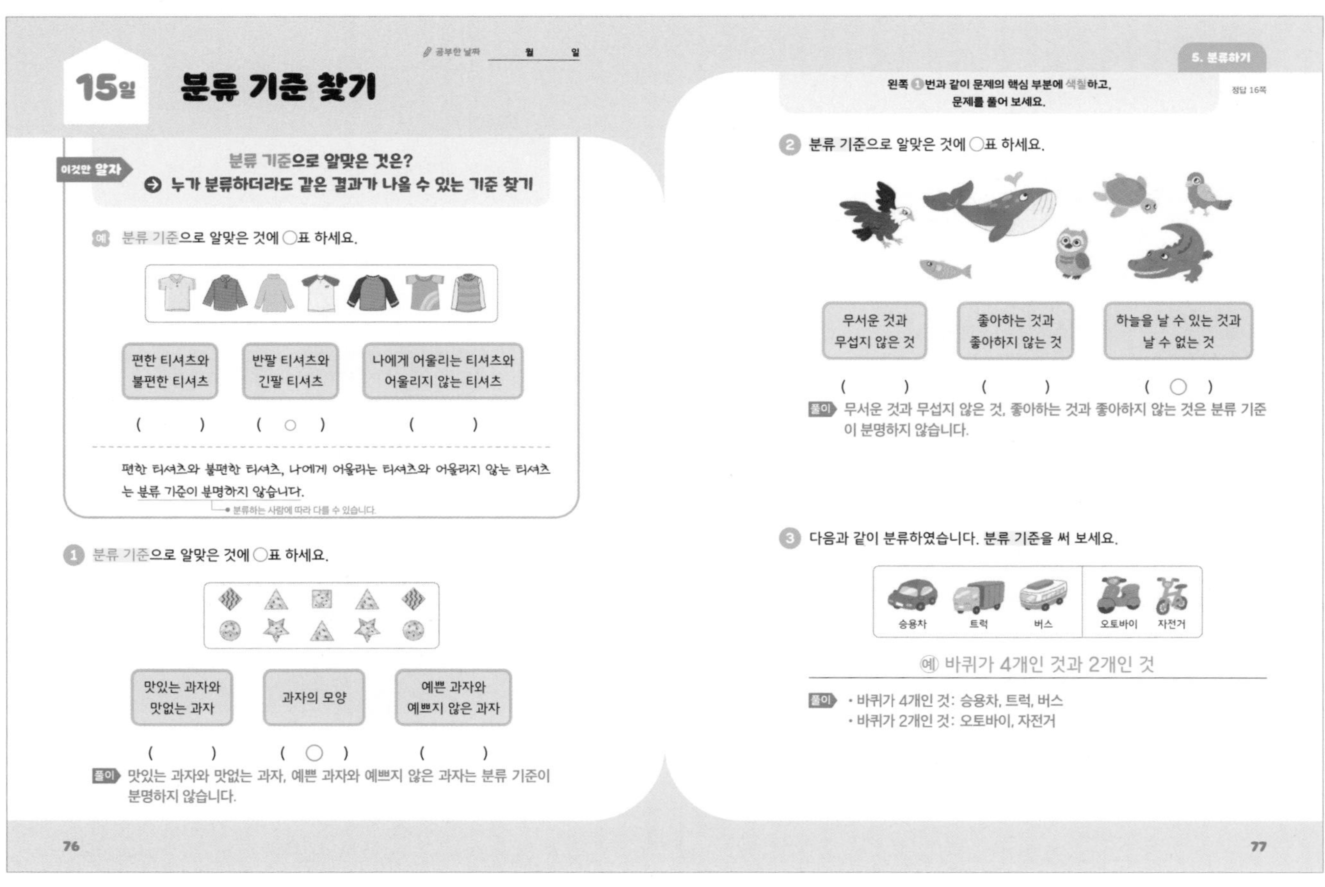

15일 분류 기준 찾기

공부한 날짜 월 일

이것만 알자 분류 기준으로 알맞은 것은?
➔ 누가 분류하더라도 같은 결과가 나올 수 있는 기준 찾기

예 분류 기준으로 알맞은 것에 ○표 하세요.

편한 티셔츠와 불편한 티셔츠	반팔 티셔츠와 긴팔 티셔츠	나에게 어울리는 티셔츠와 어울리지 않는 티셔츠
( )	(○)	( )

편한 티셔츠와 불편한 티셔츠, 나에게 어울리는 티셔츠와 어울리지 않는 티셔츠는 분류 기준이 분명하지 않습니다.
분류하는 사람에 따라 다를 수 있습니다.

1 분류 기준으로 알맞은 것에 ○표 하세요.

맛있는 과자와 맛없는 과자	과자의 모양	예쁜 과자와 예쁘지 않은 과자
( )	(○)	( )

풀이 맛있는 과자와 맛없는 과자, 예쁜 과자와 예쁘지 않은 과자는 분류 기준이 분명하지 않습니다.

5. 분류하기

정답 16쪽

왼쪽 1번과 같이 문제의 핵심 부분에 색칠하고, 문제를 풀어 보세요.

2 분류 기준으로 알맞은 것에 ○표 하세요.

무서운 것과 무섭지 않은 것	좋아하는 것과 좋아하지 않는 것	하늘을 날 수 있는 것과 날 수 없는 것
( )	( )	(○)

풀이 무서운 것과 무섭지 않은 것, 좋아하는 것과 좋아하지 않는 것은 분류 기준이 분명하지 않습니다.

3 다음과 같이 분류하였습니다. 분류 기준을 써 보세요.

예 바퀴가 4개인 것과 2개인 것

풀이 • 바퀴가 4개인 것: 승용차, 트럭, 버스
• 바퀴가 2개인 것: 오토바이, 자전거

76 77

78-79쪽

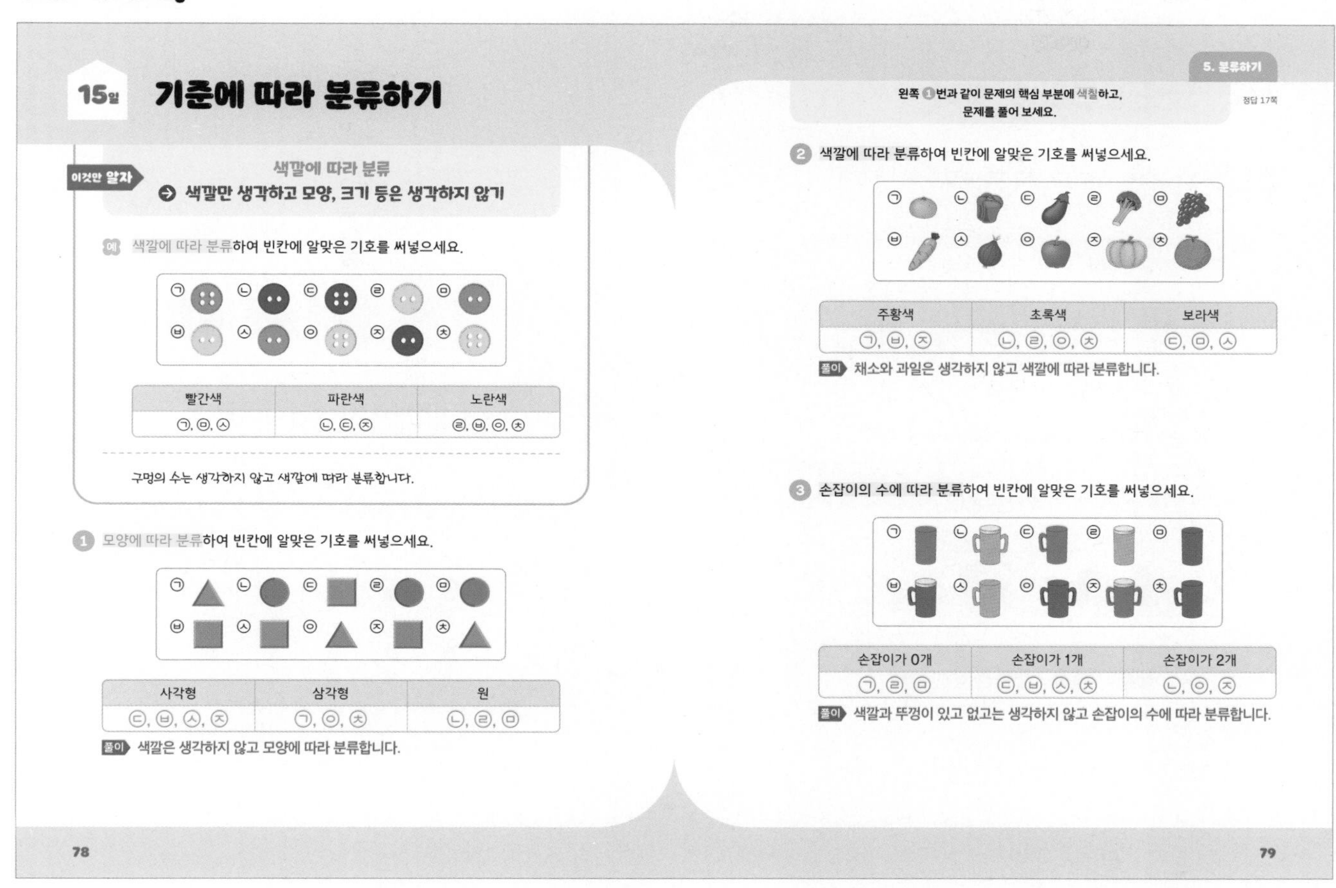

15일 기준에 따라 분류하기

이것만 알자

색깔에 따라 분류
➔ 색깔만 생각하고 모양, 크기 등은 생각하지 않기

예 색깔에 따라 분류하여 빈칸에 알맞은 기호를 써넣으세요.

빨간색	파란색	노란색
㉠, ㉤, ㉦	㉡, ㉢, ㉨	㉣, ㉥, ㉧, ㉩

구멍의 수는 생각하지 않고 색깔에 따라 분류합니다.

1 모양에 따라 분류하여 빈칸에 알맞은 기호를 써넣으세요.

사각형	삼각형	원
㉢, ㉥, ㉦, ㉨	㉠, ㉧, ㉩	㉡, ㉣, ㉤

풀이 색깔은 생각하지 않고 모양에 따라 분류합니다.

5. 분류하기

왼쪽 1번과 같이 문제의 핵심 부분에 색칠하고, 문제를 풀어 보세요.

정답 17쪽

2 색깔에 따라 분류하여 빈칸에 알맞은 기호를 써넣으세요.

주황색	초록색	보라색
㉠, ㉥, ㉨	㉡, ㉣, ㉧, ㉩	㉢, ㉤, ㉦

풀이 채소와 과일은 생각하지 않고 색깔에 따라 분류합니다.

3 손잡이의 수에 따라 분류하여 빈칸에 알맞은 기호를 써넣으세요.

손잡이가 0개	손잡이가 1개	손잡이가 2개
㉠, ㉣, ㉤	㉢, ㉥, ㉦, ㉩	㉡, ㉧, ㉨

풀이 색깔과 뚜껑이 있고 없고는 생각하지 않고 손잡이의 수에 따라 분류합니다.

78 79

80-81쪽

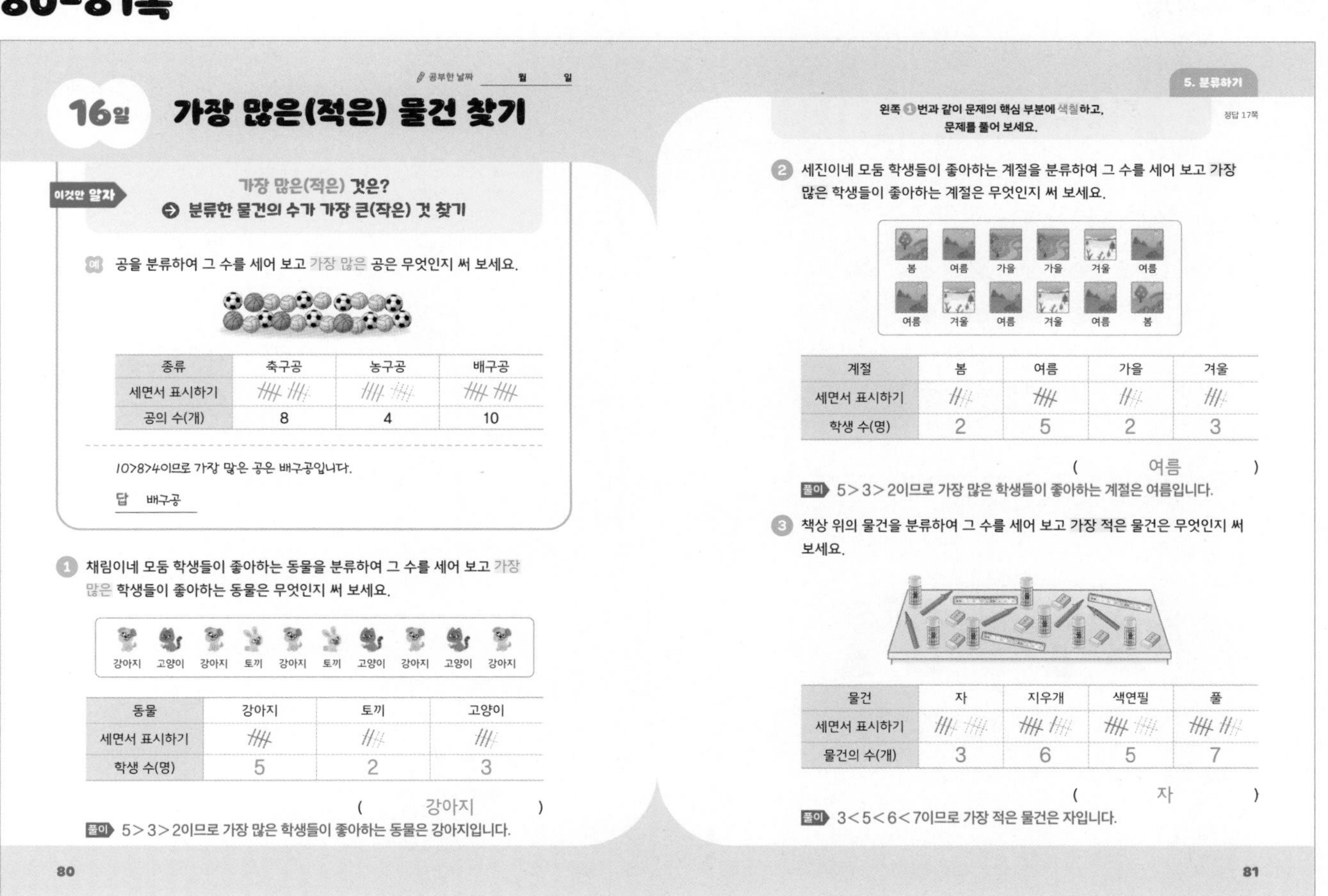

공부한 날짜 월 일

16일 가장 많은(적은) 물건 찾기

이것만 알자

가장 많은(적은) 것은?
➔ 분류한 물건의 수가 가장 큰(작은) 것 찾기

예 공을 분류하여 그 수를 세어 보고 가장 많은 공은 무엇인지 써 보세요.

종류	축구공	농구공	배구공
세면서 표시하기	|||| ||||	||||	|||| ||||
공의 수(개)	8	4	10

10>8>4이므로 가장 많은 공은 배구공입니다.

답 배구공

1 채림이네 모둠 학생들이 좋아하는 동물을 분류하여 그 수를 세어 보고 가장 많은 학생들이 좋아하는 동물은 무엇인지 써 보세요.

동물	강아지	토끼	고양이
세면서 표시하기	||||	||	|||
학생 수(명)	5	2	3

(강아지)

풀이 5>3>2이므로 가장 많은 학생들이 좋아하는 동물은 강아지입니다.

5. 분류하기

왼쪽 1번과 같이 문제의 핵심 부분에 색칠하고, 문제를 풀어 보세요.

정답 17쪽

2 세진이네 모둠 학생들이 좋아하는 계절을 분류하여 그 수를 세어 보고 가장 많은 학생들이 좋아하는 계절은 무엇인지 써 보세요.

계절	봄	여름	가을	겨울
세면서 표시하기	||	||||	||	|||
학생 수(명)	2	5	2	3

(여름)

풀이 5>3>2이므로 가장 많은 학생들이 좋아하는 계절은 여름입니다.

3 책상 위의 물건을 분류하여 그 수를 세어 보고 가장 적은 물건은 무엇인지 써 보세요.

물건	자	지우개	색연필	풀
세면서 표시하기	|||	||||		||||	|||| ||
물건의 수(개)	3	6	5	7

(자)

풀이 3<5<6<7이므로 가장 적은 물건은 자입니다.

80 81

5 분류하기

82-83쪽

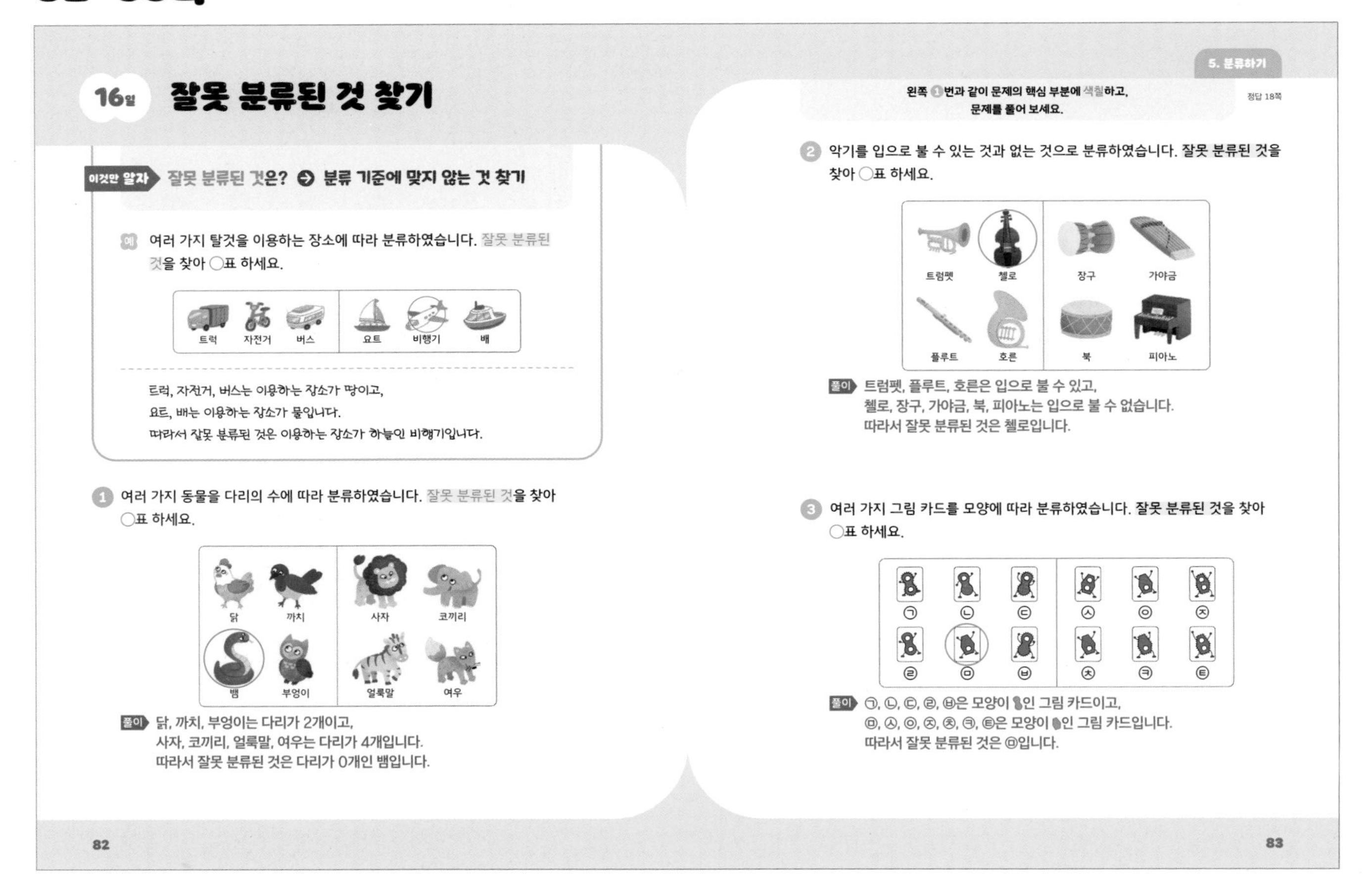

84-85쪽

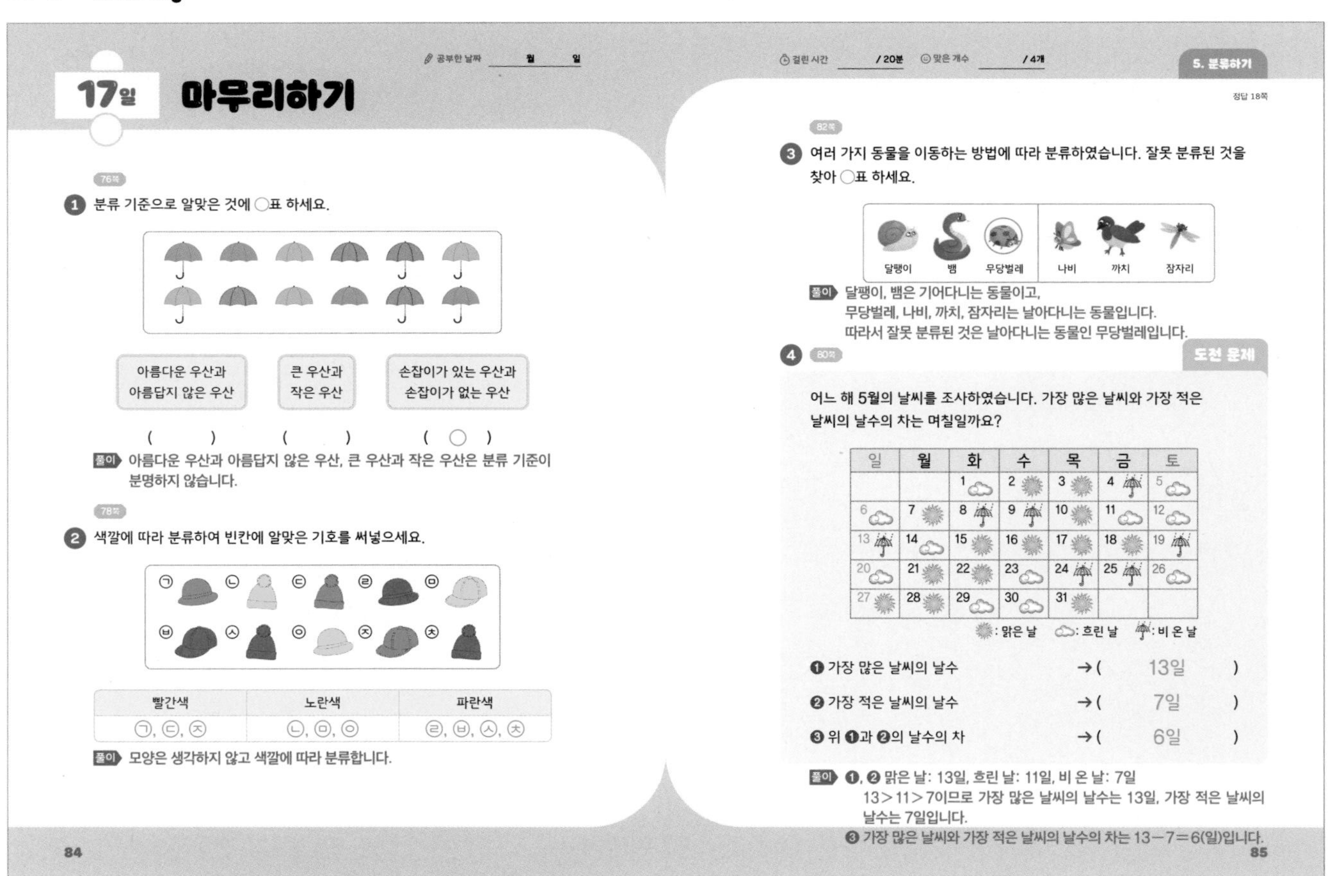

6 곱셈

88-89쪽

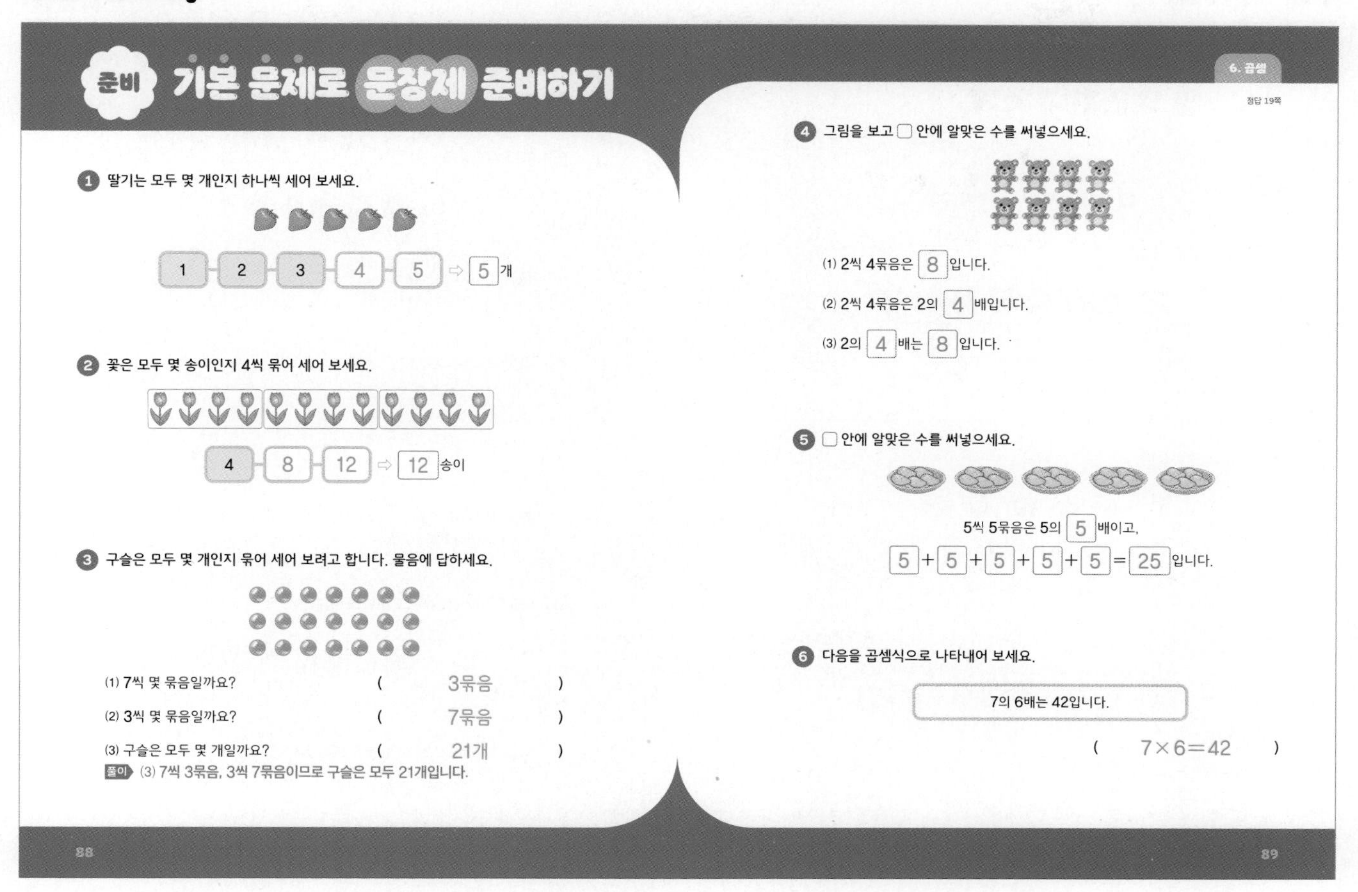

준비 기본 문제로 문장제 준비하기

6. 곱셈

정답 19쪽

1 딸기는 모두 몇 개인지 하나씩 세어 보세요.

1 - 2 - 3 - 4 - 5 ⇨ 5개

2 꽃은 모두 몇 송이인지 4씩 묶어 세어 보세요.

4 - 8 - 12 ⇨ 12송이

3 구슬은 모두 몇 개인지 묶어 세어 보려고 합니다. 물음에 답하세요.

(1) 7씩 몇 묶음일까요? (3묶음)

(2) 3씩 몇 묶음일까요? (7묶음)

(3) 구슬은 모두 몇 개일까요? (21개)

풀이 (3) 7씩 3묶음, 3씩 7묶음이므로 구슬은 모두 21개입니다.

4 그림을 보고 □ 안에 알맞은 수를 써넣으세요.

(1) 2씩 4묶음은 8입니다.

(2) 2씩 4묶음은 2의 4배입니다.

(3) 2의 4배는 8입니다.

5 □ 안에 알맞은 수를 써넣으세요.

5씩 5묶음은 5의 5배이고,

5+5+5+5+5=25입니다.

6 다음을 곱셈식으로 나타내어 보세요.

7의 6배는 42입니다.

($7\times6=42$)

88 89

90-91쪽

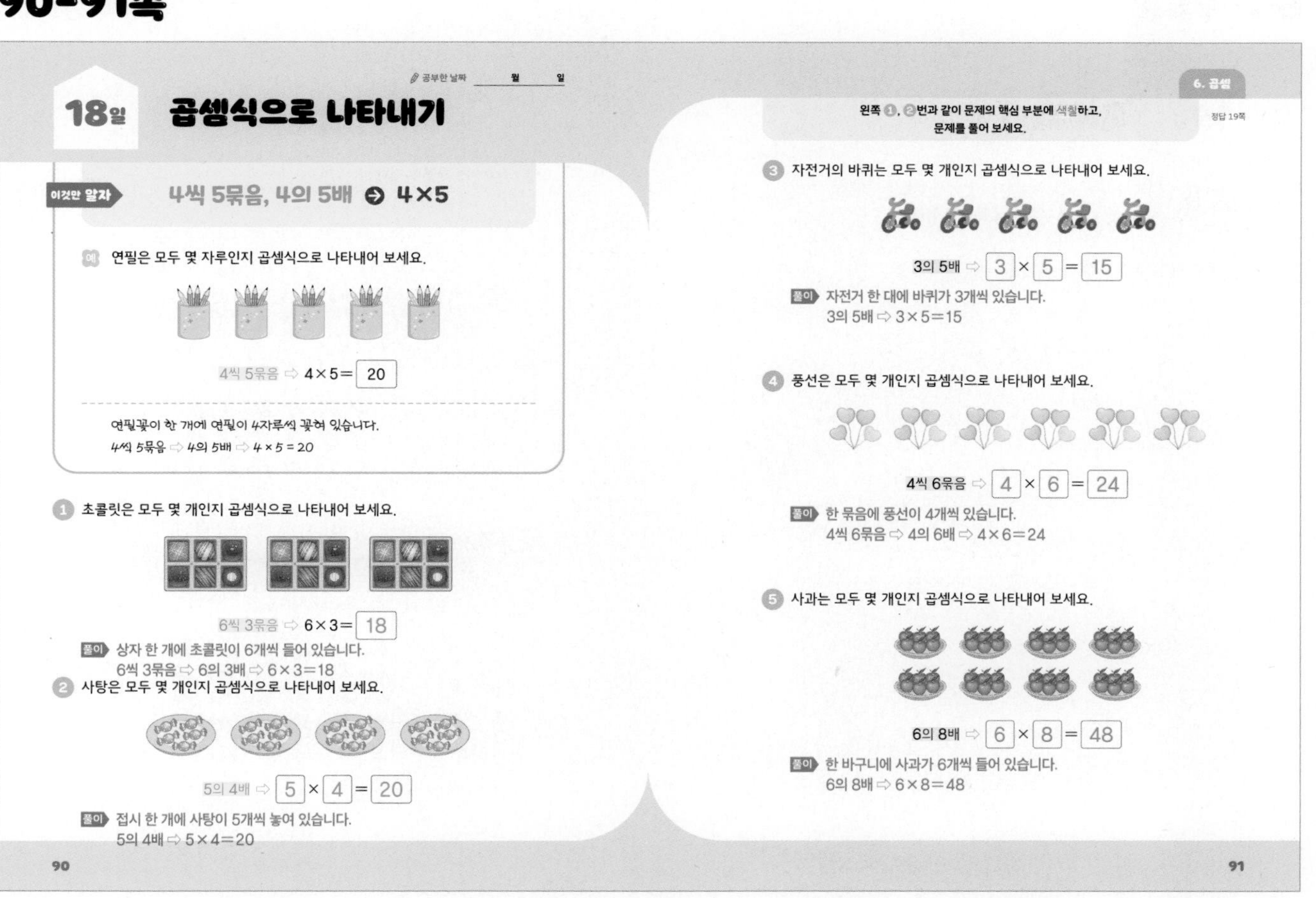

18일 곱셈식으로 나타내기

공부한 날짜 월 일

6. 곱셈

정답 19쪽

이것만 알자 4씩 5묶음, 4의 5배 ➔ 4×5

예 연필은 모두 몇 자루인지 곱셈식으로 나타내어 보세요.

4씩 5묶음 ⇨ 4×5=20

연필꽂이 한 개에 연필이 4자루씩 꽂혀 있습니다.
4씩 5묶음 ⇨ 4의 5배 ⇨ 4×5=20

1 초콜릿은 모두 몇 개인지 곱셈식으로 나타내어 보세요.

6씩 3묶음 ⇨ 6×3=18

풀이 상자 한 개에 초콜릿이 6개씩 들어 있습니다.
6씩 3묶음 ⇨ 6의 3배 ⇨ 6×3=18

2 사탕은 모두 몇 개인지 곱셈식으로 나타내어 보세요.

5의 4배 ⇨ 5×4=20

풀이 접시 한 개에 사탕이 5개씩 놓여 있습니다.
5의 4배 ⇨ 5×4=20

왼쪽 1, 2번과 같이 문제의 핵심 부분에 색칠하고, 문제를 풀어 보세요.

3 자전거의 바퀴는 모두 몇 개인지 곱셈식으로 나타내어 보세요.

3의 5배 ⇨ 3×5=15

풀이 자전거 한 대에 바퀴가 3개씩 있습니다.
3의 5배 ⇨ 3×5=15

4 풍선은 모두 몇 개인지 곱셈식으로 나타내어 보세요.

4씩 6묶음 ⇨ 4×6=24

풀이 한 묶음에 풍선이 4개씩 있습니다.
4씩 6묶음 ⇨ 4의 6배 ⇨ 4×6=24

5 사과는 모두 몇 개인지 곱셈식으로 나타내어 보세요.

6의 8배 ⇨ 6×8=48

풀이 한 바구니에 사과가 6개씩 들어 있습니다.
6의 8배 ⇨ 6×8=48

90 91

6 곱셈

92-93쪽

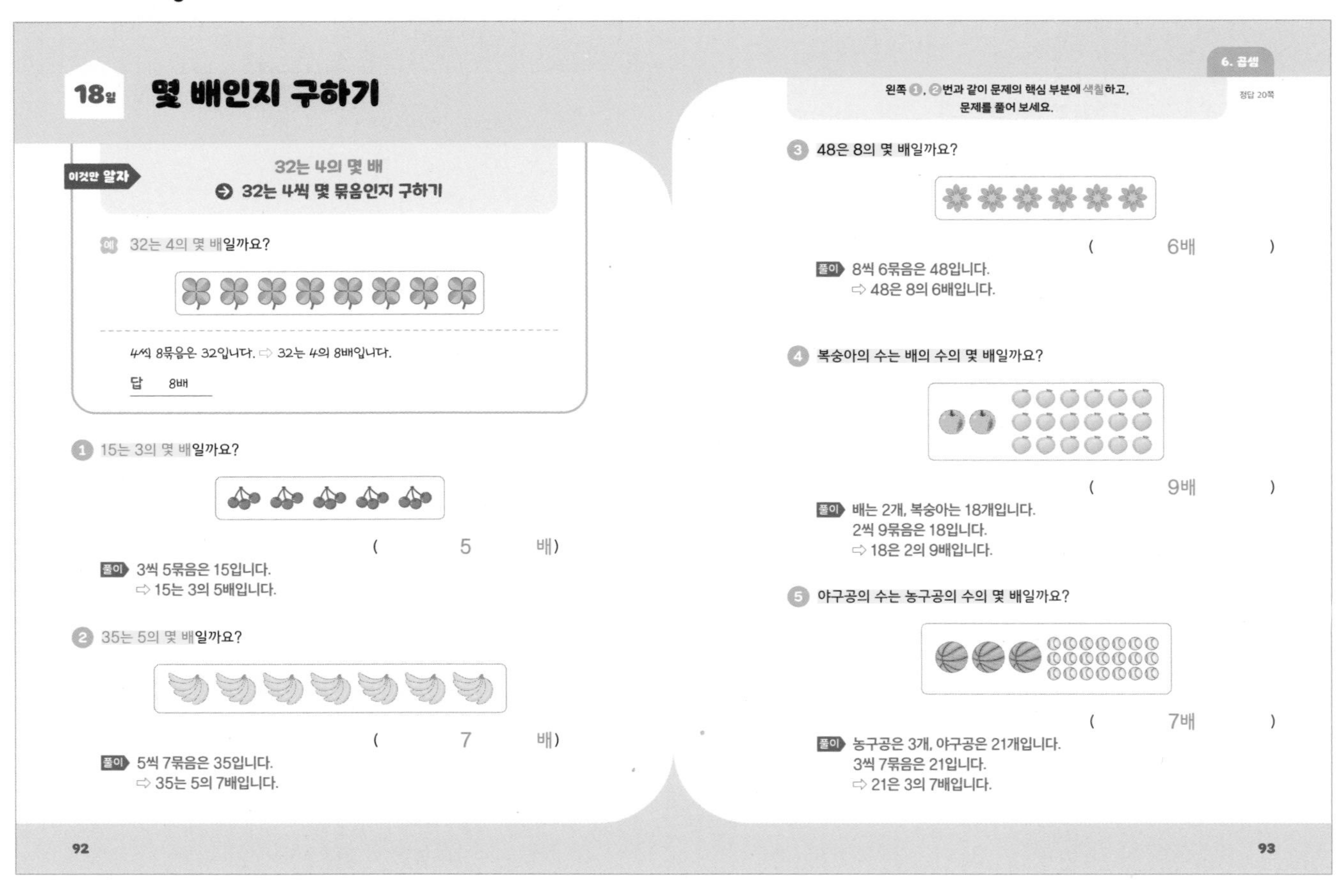

18일 몇 배인지 구하기

이것만 알자 32는 4의 몇 배 ➔ 32는 4씩 몇 묶음인지 구하기

예 32는 4의 몇 배일까요?

4씩 8묶음은 32입니다. ⇨ 32는 4의 8배입니다.

답 8배

1 15는 3의 몇 배일까요?

(5 배)

풀이 3씩 5묶음은 15입니다.
⇨ 15는 3의 5배입니다.

2 35는 5의 몇 배일까요?

(7 배)

풀이 5씩 7묶음은 35입니다.
⇨ 35는 5의 7배입니다.

6. 곱셈

왼쪽 1, 2번과 같이 문제의 핵심 부분에 색칠하고, 문제를 풀어 보세요.

정답 20쪽

3 48은 8의 몇 배일까요?

(6배)

풀이 8씩 6묶음은 48입니다.
⇨ 48은 8의 6배입니다.

4 복숭아의 수는 배의 수의 몇 배일까요?

(9배)

풀이 배는 2개, 복숭아는 18개입니다.
2씩 9묶음은 18입니다.
⇨ 18은 2의 9배입니다.

5 야구공의 수는 농구공의 수의 몇 배일까요?

(7배)

풀이 농구공은 3개, 야구공은 21개입니다.
3씩 7묶음은 21입니다.
⇨ 21은 3의 7배입니다.

92 93

94-95쪽

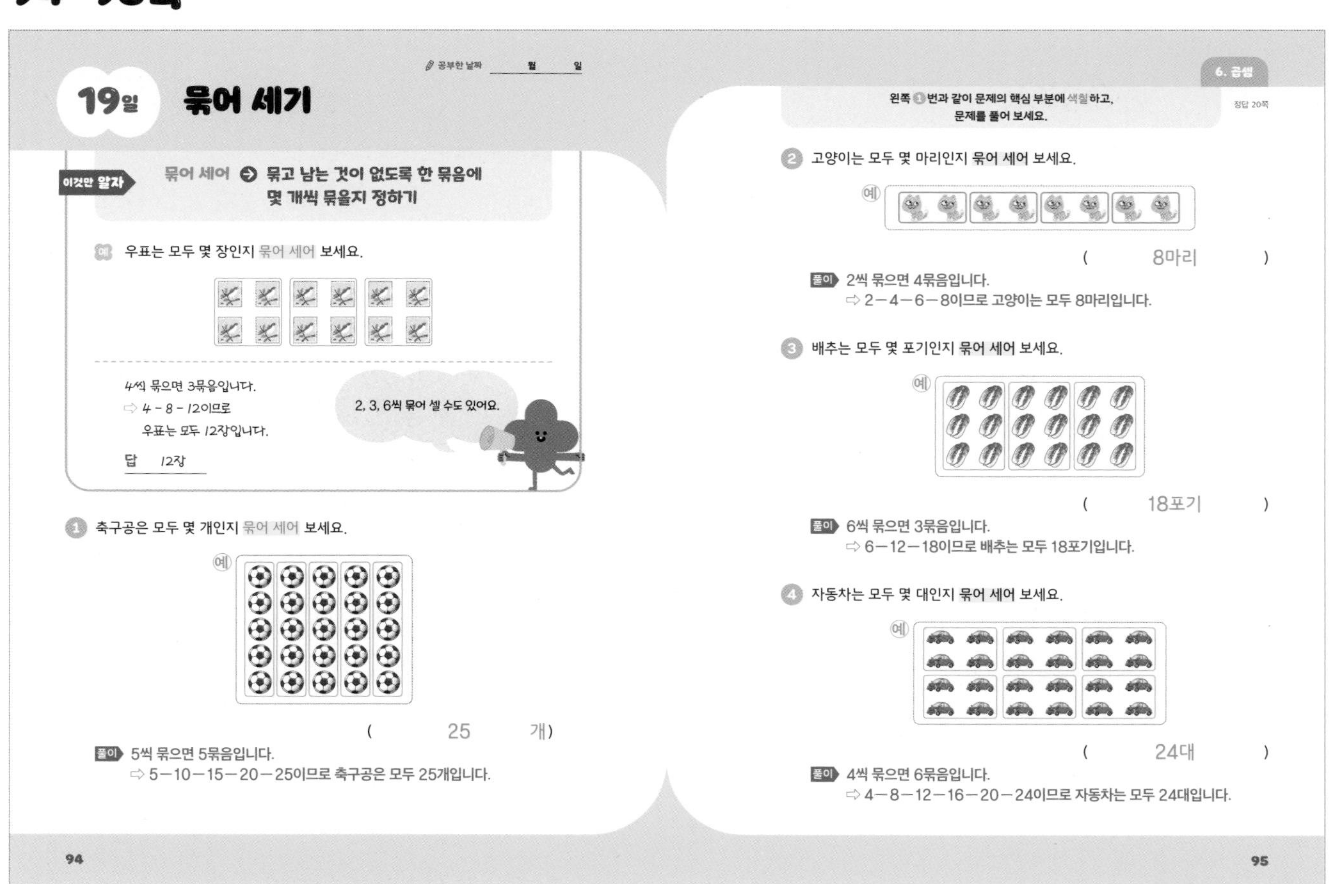

공부한 날짜 월 일

19일 묶어 세기

이것만 알자 묶어 세어 ➔ 묶고 남는 것이 없도록 한 묶음에 몇 개씩 묶을지 정하기

예 우표는 모두 몇 장인지 묶어 세어 보세요.

4씩 묶으면 3묶음입니다.
⇨ 4 - 8 - 12이므로
우표는 모두 12장입니다.

답 12장

1 축구공은 모두 몇 개인지 묶어 세어 보세요.

예

(25 개)

풀이 5씩 묶으면 5묶음입니다.
⇨ 5－10－15－20－25이므로 축구공은 모두 25개입니다.

6. 곱셈

왼쪽 1번과 같이 문제의 핵심 부분에 색칠하고, 문제를 풀어 보세요.

정답 20쪽

2 고양이는 모두 몇 마리인지 묶어 세어 보세요.

예

(8마리)

풀이 2씩 묶으면 4묶음입니다.
⇨ 2－4－6－8이므로 고양이는 모두 8마리입니다.

3 배추는 모두 몇 포기인지 묶어 세어 보세요.

예

(18포기)

풀이 6씩 묶으면 3묶음입니다.
⇨ 6－12－18이므로 배추는 모두 18포기입니다.

4 자동차는 모두 몇 대인지 묶어 세어 보세요.

예

(24대)

풀이 4씩 묶으면 6묶음입니다.
⇨ 4－8－12－16－20－24이므로 자동차는 모두 24대입니다.

94 95

96-97쪽

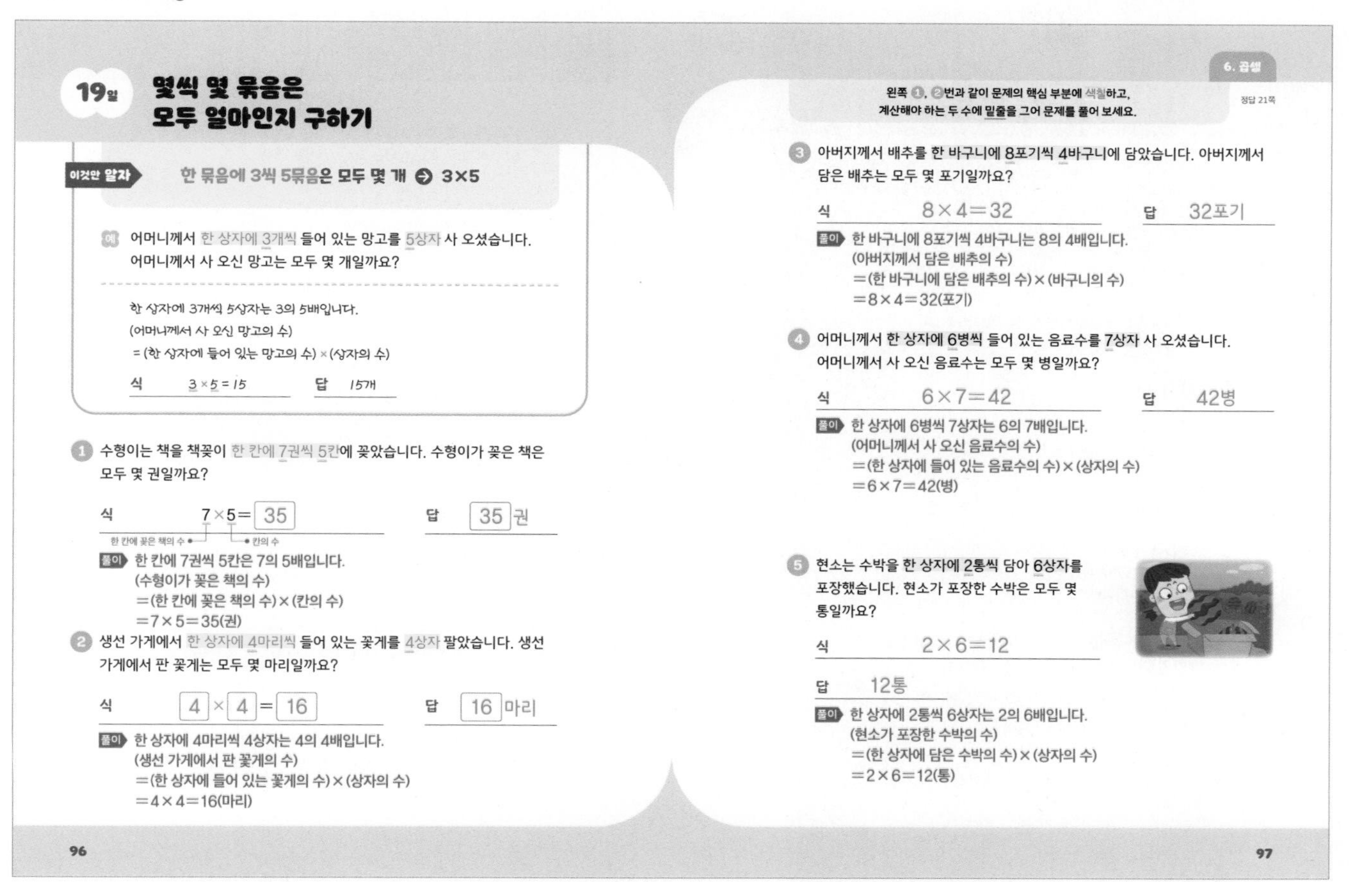

19일 **몇씩 몇 묶음은 모두 얼마인지 구하기**

이것만 알자 한 묶음에 3씩 5묶음은 모두 몇 개 ➔ 3×5

예 어머니께서 한 상자에 3개씩 들어 있는 망고를 5상자 사 오셨습니다. 어머니께서 사 오신 망고는 모두 몇 개일까요?

한 상자에 3개씩 5상자는 3의 5배입니다.
(어머니께서 사 오신 망고의 수)
=(한 상자에 들어 있는 망고의 수)×(상자의 수)

식 $3\times5=15$ 답 15개

① 수형이는 책을 책꽂이 한 칸에 7권씩 5칸에 꽂았습니다. 수형이가 꽂은 책은 모두 몇 권일까요?

식 $7\times5=$ 35 (한 칸에 꽂은 책의 수, 칸의 수) 답 35 권

풀이 한 칸에 7권씩 5칸은 7의 5배입니다.
(수형이가 꽂은 책의 수)
=(한 칸에 꽂은 책의 수)×(칸의 수)
$=7\times5=35$(권)

② 생선 가게에서 한 상자에 4마리씩 들어 있는 꽃게를 4상자 팔았습니다. 생선 가게에서 판 꽃게는 모두 몇 마리일까요?

식 $4\times4=16$ 답 16 마리

풀이 한 상자에 4마리씩 4상자는 4의 4배입니다.
(생선 가게에서 판 꽃게의 수)
=(한 상자에 들어 있는 꽃게의 수)×(상자의 수)
$=4\times4=16$(마리)

왼쪽 ①, ②번과 같이 문제의 핵심 부분에 색칠하고, 계산해야 하는 두 수에 밑줄을 그어 문제를 풀어 보세요.

정답 21쪽

③ 아버지께서 배추를 한 바구니에 8포기씩 4바구니에 담았습니다. 아버지께서 담은 배추는 모두 몇 포기일까요?

식 $8\times4=32$ 답 32포기

풀이 한 바구니에 8포기씩 4바구니는 8의 4배입니다.
(아버지께서 담은 배추의 수)
=(한 바구니에 담은 배추의 수)×(바구니의 수)
$=8\times4=32$(포기)

④ 어머니께서 한 상자에 6병씩 들어 있는 음료수를 7상자 사 오셨습니다. 어머니께서 사 오신 음료수는 모두 몇 병일까요?

식 $6\times7=42$ 답 42병

풀이 한 상자에 6병씩 7상자는 6의 7배입니다.
(어머니께서 사 오신 음료수의 수)
=(한 상자에 들어 있는 음료수의 수)×(상자의 수)
$=6\times7=42$(병)

⑤ 현소는 수박을 한 상자에 2통씩 담아 6상자를 포장했습니다. 현소가 포장한 수박은 모두 몇 통일까요?

식 $2\times6=12$

답 12통

풀이 한 상자에 2통씩 6상자는 2의 6배입니다.
(현소가 포장한 수박의 수)
=(한 상자에 담은 수박의 수)×(상자의 수)
$=2\times6=12$(통)

96 97

98-99쪽

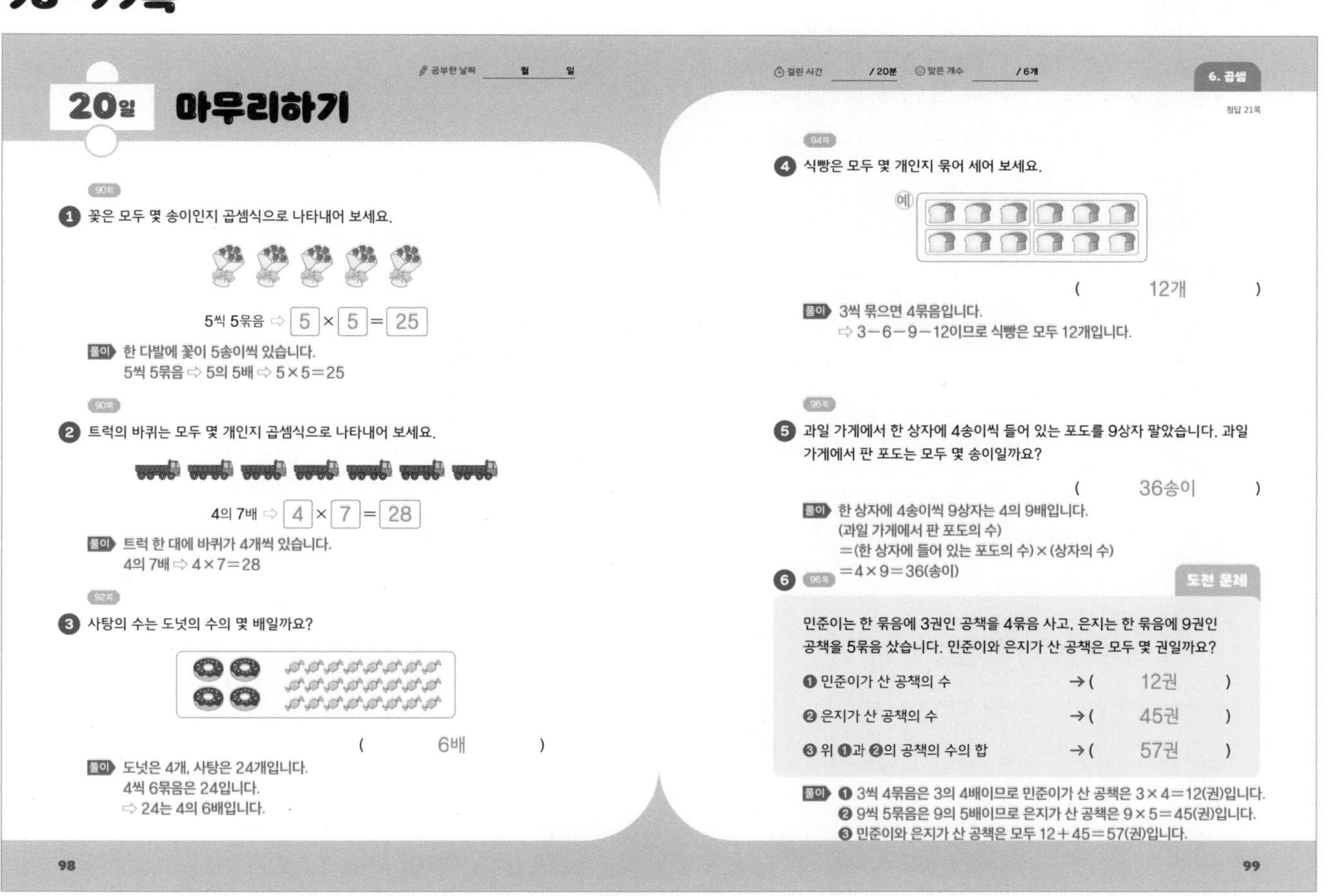

공부한 날짜 월 일 걸린 시간 /20분 맞은 개수 /6개

20일 **마무리하기**

정답 21쪽

90쪽
① 꽃은 모두 몇 송이인지 곱셈식으로 나타내어 보세요.

5씩 5묶음 ⇨ $5\times5=25$

풀이 한 다발에 꽃이 5송이씩 있습니다.
5씩 5묶음 ⇨ 5의 5배 ⇨ $5\times5=25$

90쪽
② 트럭의 바퀴는 모두 몇 개인지 곱셈식으로 나타내어 보세요.

4의 7배 ⇨ $4\times7=28$

풀이 트럭 한 대에 바퀴가 4개씩 있습니다.
4의 7배 ⇨ $4\times7=28$

92쪽
③ 사탕의 수는 도넛의 수의 몇 배일까요?

(6배)

풀이 도넛은 4개, 사탕은 24개입니다.
4씩 6묶음은 24입니다.
⇨ 24는 4의 6배입니다.

94쪽
④ 식빵은 모두 몇 개인지 묶어 세어 보세요.

(12개)

풀이 3씩 묶으면 4묶음입니다.
⇨ 3-6-9-12이므로 식빵은 모두 12개입니다.

96쪽
⑤ 과일 가게에서 한 상자에 4송이씩 들어 있는 포도를 9상자 팔았습니다. 과일 가게에서 판 포도는 모두 몇 송이일까요?

(36송이)

풀이 한 상자에 4송이씩 9상자는 4의 9배입니다.
(과일 가게에서 판 포도의 수)
=(한 상자에 들어 있는 포도의 수)×(상자의 수)
$=4\times9=36$(송이)

⑥ 96쪽 도전 문제

민준이는 한 묶음에 3권인 공책을 4묶음 사고, 은지는 한 묶음에 9권인 공책을 5묶음 샀습니다. 민준이와 은지가 산 공책은 모두 몇 권일까요?

❶ 민준이가 산 공책의 수 →(12권)
❷ 은지가 산 공책의 수 →(45권)
❸ 위 ❶과 ❷의 공책의 수의 합 →(57권)

풀이 ❶ 3씩 4묶음은 3의 4배이므로 민준이가 산 공책은 $3\times4=12$(권)입니다.
❷ 9씩 5묶음은 9의 5배이므로 은지가 산 공책은 $9\times5=45$(권)입니다.
❸ 민준이와 은지가 산 공책은 모두 $12+45=57$(권)입니다.

98 99

실력 평가

100-101쪽

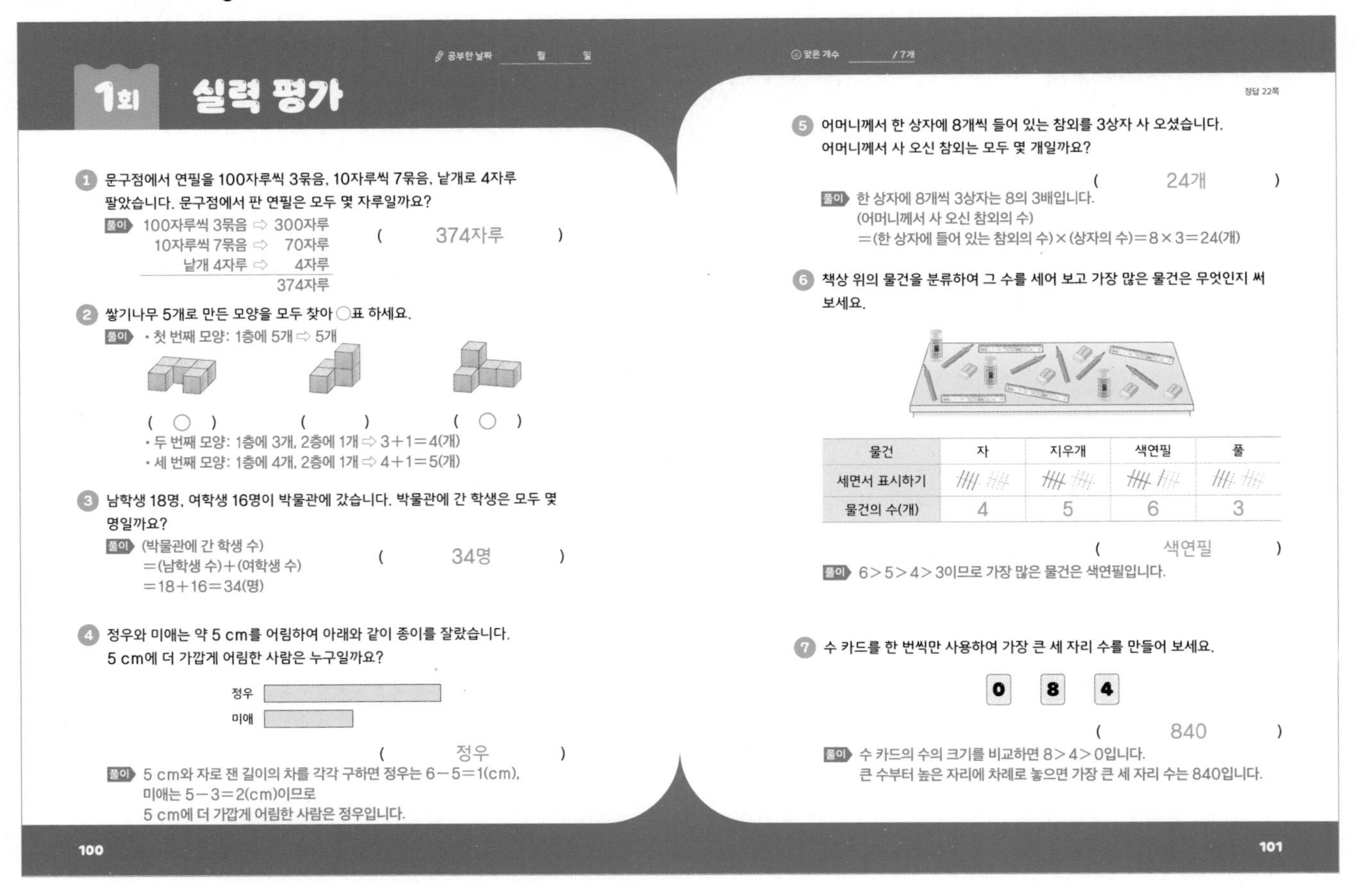

공부한 날짜 월 일 / 맞은 개수 /7개

1회 실력 평가

정답 22쪽

1 문구점에서 연필을 100자루씩 3묶음, 10자루씩 7묶음, 낱개로 4자루 팔았습니다. 문구점에서 판 연필은 모두 몇 자루일까요?

(374자루)

풀이 100자루씩 3묶음 ⇨ 300자루
10자루씩 7묶음 ⇨ 70자루
낱개 4자루 ⇨ 4자루
374자루

2 쌓기나무 5개로 만든 모양을 모두 찾아 ○표 하세요.

(○) ( ) (○)

풀이 • 첫 번째 모양: 1층에 5개 ⇨ 5개
• 두 번째 모양: 1층에 3개, 2층에 1개 ⇨ $3+1=4$(개)
• 세 번째 모양: 1층에 4개, 2층에 1개 ⇨ $4+1=5$(개)

3 남학생 18명, 여학생 16명이 박물관에 갔습니다. 박물관에 간 학생은 모두 몇 명일까요?

(34명)

풀이 (박물관에 간 학생 수)
=(남학생 수)+(여학생 수)
$=18+16=34$(명)

4 정우와 미애는 약 5 cm를 어림하여 아래와 같이 종이를 잘랐습니다. 5 cm에 더 가깝게 어림한 사람은 누구일까요?

정우
미애

(정우)

풀이 5 cm와 자로 잰 길이의 차를 각각 구하면 정우는 $6-5=1$(cm), 미애는 $5-3=2$(cm)이므로 5 cm에 더 가깝게 어림한 사람은 정우입니다.

5 어머니께서 한 상자에 8개씩 들어 있는 참외를 3상자 사 오셨습니다. 어머니께서 사 오신 참외는 모두 몇 개일까요?

(24개)

풀이 한 상자에 8개씩 3상자는 8의 3배입니다.
(어머니께서 사 오신 참외의 수)
=(한 상자에 들어 있는 참외의 수)×(상자의 수)$=8\times3=24$(개)

6 책상 위의 물건을 분류하여 그 수를 세어 보고 가장 많은 물건은 무엇인지 써 보세요.

물건	자	지우개	색연필	풀
세면서 표시하기	////	/////	///// /	///
물건의 수(개)	4	5	6	3

(색연필)

풀이 $6>5>4>3$이므로 가장 많은 물건은 색연필입니다.

7 수 카드를 한 번씩만 사용하여 가장 큰 세 자리 수를 만들어 보세요.

0 8 4

(840)

풀이 수 카드의 수의 크기를 비교하면 $8>4>0$입니다.
큰 수부터 높은 자리에 차례로 놓으면 가장 큰 세 자리 수는 840입니다.

100 101

102-103쪽

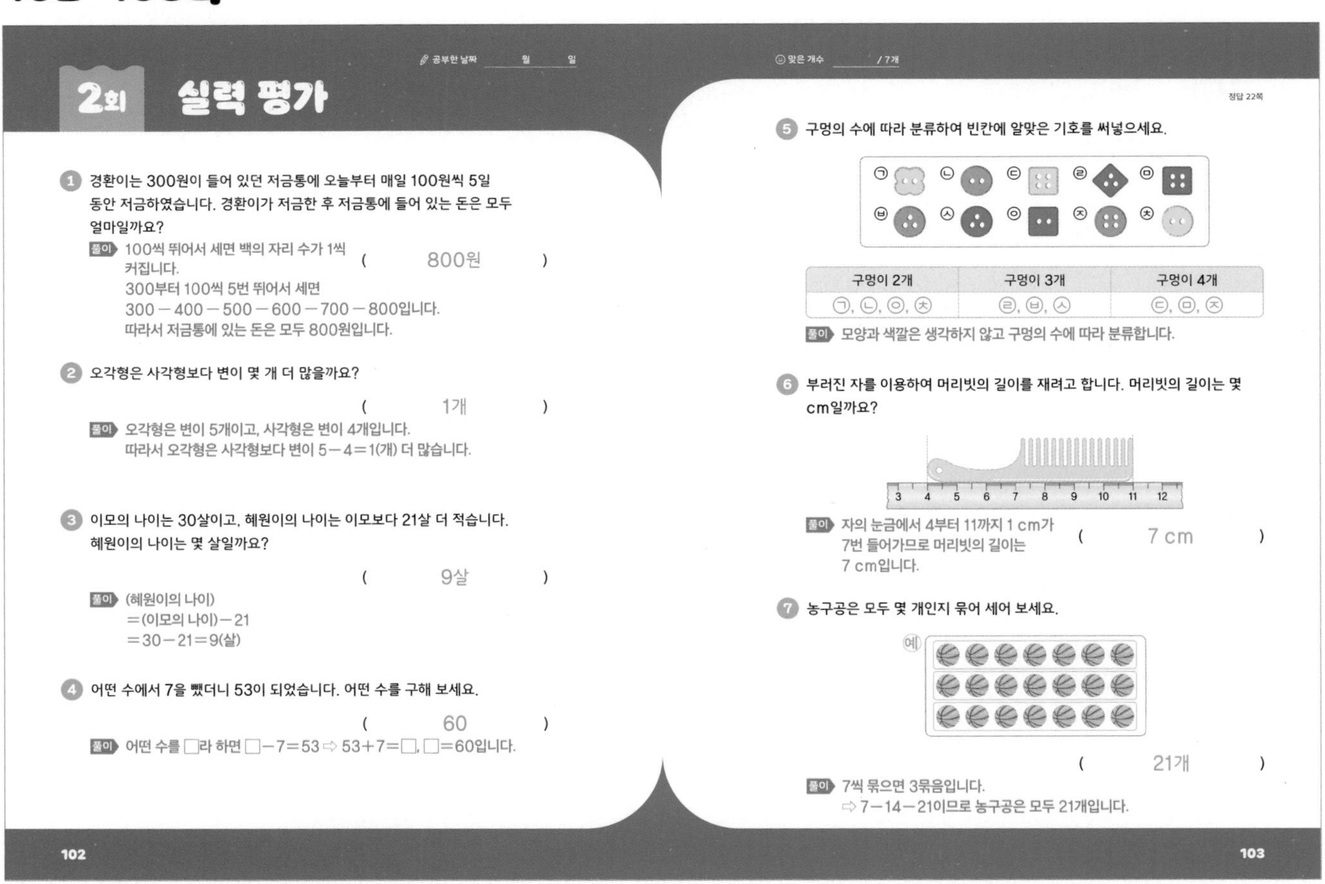

공부한 날짜 월 일 / 맞은 개수 /7개

2회 실력 평가

정답 22쪽

1 경환이는 300원이 들어 있던 저금통에 오늘부터 매일 100원씩 5일 동안 저금하였습니다. 경환이가 저금한 후 저금통에 들어 있는 돈은 모두 얼마일까요?

(800원)

풀이 100씩 뛰어서 세면 백의 자리 수가 1씩 커집니다.
300부터 100씩 5번 뛰어서 세면
300 — 400 — 500 — 600 — 700 — 800입니다.
따라서 저금통에 있는 돈은 모두 800원입니다.

2 오각형은 사각형보다 변이 몇 개 더 많을까요?

(1개)

풀이 오각형은 변이 5개이고, 사각형은 변이 4개입니다.
따라서 오각형은 사각형보다 변이 $5-4=1$(개) 더 많습니다.

3 이모의 나이는 30살이고, 혜원이의 나이는 이모보다 21살 더 적습니다. 혜원이의 나이는 몇 살일까요?

(9살)

풀이 (혜원이의 나이)
=(이모의 나이)-21
$=30-21=9$(살)

4 어떤 수에서 7을 뺐더니 53이 되었습니다. 어떤 수를 구해 보세요.

(60)

풀이 어떤 수를 □라 하면 $\square-7=53$ ⇨ $53+7=\square$, $\square=60$입니다.

5 구멍의 수에 따라 분류하여 빈칸에 알맞은 기호를 써넣으세요.

㉠ ㉡ ㉢ ㉣ ㉤ ㉥ ㉦ ㉧ ㉨ ㉩

구멍이 2개	구멍이 3개	구멍이 4개
㉠, ㉡, ㉧, ㉩	㉣, ㉥, ㉦	㉢, ㉤, ㉨

풀이 모양과 색깔은 생각하지 않고 구멍의 수에 따라 분류합니다.

6 부러진 자를 이용하여 머리빗의 길이를 재려고 합니다. 머리빗의 길이는 몇 cm일까요?

3 4 5 6 7 8 9 10 11 12

(7 cm)

풀이 자의 눈금에서 4부터 11까지 1 cm가 7번 들어가므로 머리빗의 길이는 7 cm입니다.

7 농구공은 모두 몇 개인지 묶어 세어 보세요.

예

(21개)

풀이 7씩 묶으면 3묶음입니다.
⇨ 7 — 14 — 21이므로 농구공은 모두 21개입니다.

102 103

MEMO

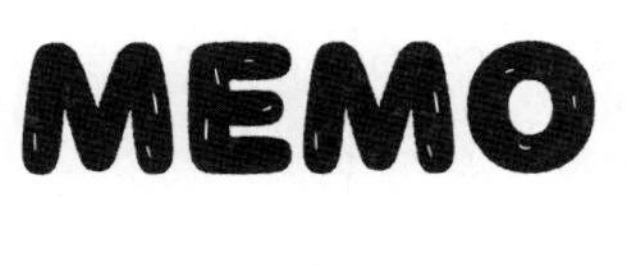